CALLWEY

ENGLANDS SCHÖNSTE GARTENSCHÄTZE

Kathryn Bradley-Hole

Mit einem Vorwort des Duke of Devonshire

Mit einem Nachwort von Anja Birne

CALLWEY

INHALT

SEITE 1 Rosen ranken über die Pergola von Culland Hall, Derbyshire.

SEITE 2 Hof der Old Rectory in Naunton, Gloucestershire.

SEITE 4 Symmetrische Eibenhecken schirmen den Garten von Ousden House in Suffolk ab und lenken das Auge zugleich auf schöne Ansichten.

RECHTS Der kürzlich angelegte Spiegelteich von Bryan's Ground in Presteigne. An den Ufern Schwertlilien unter Obstbäumen.

VORWORT

DUKE OF DEVONSHIRE

Seit Hunderten von Jahren ist das Gärtnern ein wichtiger Bestandteil der englischen und britischen Kultur. Dieser Bildband über englische Gärten erinnert daran, dass die gepflegten und gehegten Flächen um menschliche Behausungen heute ebenso bedeutsam sind wie immer schon. Derzeit gärtnern mehr Menschen, und das auf höherem Niveau, als je zuvor. Cottage-Gärten sind en vogue. *The Yellow Book* (das Gärten verzeichnet, die ein- oder zweimal jährlich zu Wohltätigkeitszwecken ihre Pforten öffnen) wird von Jahr zu Jahr dicker. So viele und so gute mittelgroße bis große Privatgärten wie heute gab es noch nie. Die Gartenkultur im Vereinigten Königreich gedeiht prächtig.

In puncto Bildung und Nachhaltigkeit ist die Royal Horticultural Society (RHS) führend. Sie widmet sich diesen beiden Bereichen mit beachtlichem Elan, und auch ihre Gartenschauen erfüllen höchste Standards. Als die RHS 2016 verkündete, ihre aktuelle Schau werde hier auf Chatsworth stattfinden, überraschte mich die Reaktion der Bevölkerung: Regional und überregional wurde die Entscheidung zu Recht als große Anerkennung Derbyshires wahrgenommen, vor allem weil die RHS bei unserer fünftägigen Schau anders als bei den vielen anderen Garten-Events auf Qualität und wohlbegründete Innovation setzte.

Wie in der Kultur überhaupt, so ist auch im Gartenbau die Mode eine mächtige und wechselhafte Kraft. Neue Gartenstile kommen und gehen irritierend rasch. Dank kompetenten Züchtern stehen heute viel mehr länger blühende, süßer duftende, schädlingsresistentere Pflanzen zur Wahl. Amanda und ich leben seit 13 Jahren auf Chatsworth und haben in dieser Zeit im Garten und Park natürlich einige Veränderungen vorgenommen. Meine Eltern haben mehr als 50 Jahre lang hervorragende Arbeit geleistet, indem sie den Garten bewahrt, erneuert und verschönert haben. Wir beschlossen, in einer Hinsicht andere Wege zu gehen.

Nach ein paar Jahren, die wir mit Roden, Ausdünnen und einigen mäßig erfolgreichen Neupflanzungen verbracht hatten, trafen wir gemeinsam mit unserem Obergärtner Steve Porter eine Entscheidung. Wir waren uns einig, dass bei allem Interesse an Pflanzen und Gärten keiner von uns dreien in der Lage war, das große Ganze zu überblicken und entsprechend zu planen und zu pflanzen. Daher baten wir vor einigen Jahren Dan Pearson und Tom Stuart-Smith, Teile des Gartens in ihrem jeweiligen Stil neu zu gestalten. Seitdem

Chatsworth House in Derbyshire, der Hauptsitz des Duke of Devonshire. Ein formaler Garten im direkten Umfeld des Schlosses leitet zu einem prächtigen Landschaftspark mit historischen Wasserspielen über. Capability Brown schuf die Anlage zwischen Ende der 1750er-Jahre und 1765 – und nutzte dabei die wunderbare Lage in den Hügeln des Peak District optimal.

Verdoppelte Pracht: Der Canal Pond von 1702/1703. Der Eindruck, das Schloss erhebe sich aus dem Wasser, beruht auf einem optischen Trick: Der Teich wurde ein paar Zentimeter erhöht in die Rasenfläche vor dem Schloss gesetzt.

hat sich das Gesamtbild bereits enorm verändert, und im Laufe der Zeit wird die Natur dies noch deutlicher werden lassen. In erstaunlich kurzer Zeit ist es Steve Porter und seinem wunderbaren Team gelungen, ganz besondere Projekte zu realisieren, die sogar die Bruthitze 2018 mit nur wenigen Pflanzenverlusten überstanden haben.

Der Zuwachs an gärtnerischen Kompetenzen auf Chatsworth hat mir vor Augen geführt, wie viele junge Menschen leidenschaftlich gern gärtnern. Ihre Karrieremöglichkeiten verbessern sich zumindest allmählich. Früher konnte man sich das ganze Spektrum an gärtnerischen Fertigkeiten, das die Grünflächenämter im Land benötigten, meist dank lokalen öffentlichen Geldern aneignen. Inzwischen ist diese Verantwortlichkeit mehr und mehr an den privaten Sektor übergegangen. Heute sind die Ausbildungswege weniger festgeschrieben. Und es gibt sehr viele Orte, Nan denen die jungen Leute ihre Laufbahn beginnen können, wenn sie Gartenbau-Ikonen wie Joseph Paxton nacheifern möchten.

Dieses Buch enthält wunderbare Bilder ganz unterschiedlicher Gärten. Besonders freut mich, dass die Fotos oft auch Tiere und Kinder zeigen, die sich in Familiengärten fast immer tummeln, in offiziellen Porträts aber gern ausgespart werden. Natürlich geraten beide unweigerlich in Konflikt mit den Gärtnern: Hunde toben, Hühner kratzen in frischer Saat, und hochwertige Stauden werden als Torpfosten benutzt. Wer sich einen Garten anschafft, tut es aber ja wegen seiner Haustiere und Kinder, und so sollten sie uns denn auch willkommen sein. Die Besucher unseres Gartens in Chatsworth liebten unsere Hühner, allen voran Buff Cochins. Leider können wir hier heute wegen der Füchse und Dachse keine Hühner mehr halten.

Zahlreiche von engagierten Experten verfasste Artikel über Gärten und das Gärtnern in der Zeitschrift *Country Life* haben Reisende aus aller Welt dazu gebracht, die so vielfältigen Gärten unseres Landes zu besuchen. Dies ist nicht zuletzt ein wichtiger ökonomischer Faktor für Großbritannien und speziell seine ländlichen Regionen. Die neue Garten- und Landschaftsarchitekturwelle hat die Saison für Gartenreisen verlängert, und jeder, der glaubt, im Winter lohnten sie sich nicht, sollte John Sales' Wintergarten von Anglesey Abbey besuchen – er ist einfach großartig.

Welch ein Buch, welch ein Erbe! Es sind jetzt fast zu viele Gärten, die im Laufe des Jahres einen Besuch lohnen.

CAVENDO

EINFÜHRUNG

KATHRYN BRADLEY-HOLE

LINKS Wasser – die Quelle des Lebens. Dieser schöne, alte, von üppigen Farnen umgebene Brunnen im Garten von Badminton House in Gloucestershire sorgt für Kühlung.

Für uns Briten, die wir auf einer kleinen Inselgruppe am östlichen Rand des Nordatlantiks leben, nahe an Kontinentaleuropa, von dem uns aber der Ärmelkanal trennt, ist es völlig natürlich, stets ein Auge auf das Wetter zu haben, dessen einzige Konstante in unseren Breiten seine Unbeständigkeit ist. Während ich an einem warmen, sonnigen Tag Mitte Februar an dieser Einleitung schreibe, schieben die ersten Frühlingsblüher ihre Spitzen aus dem Boden, und die Singvögel zwitschern. Vereinzelte Bienen suchen in den wippenden Blüten der Christrosen nach Pollen und Nektar. Es ist ungewöhnlich warm, doch letzte Woche noch fegte ein eisiger Sturm durch das kahle Geäst, und sintflutartiger Regen prasselte gegen die Fenster.

Dass die Engländer eine Nation von Gärtnern und Wetterbeobachtern sind, ist hinlänglich bekannt. Beide Obsessionen sind so untrennbar miteinander

UNTEN Im Garten von Mirehouse im Lake District mahnt ein in Stein gemeißeltes Vergil-Zitat: „Suche Sitze zunächst und Stand für die Bienen zu gründen“. Heute sollte man das Insektenleben im Garten unbedingt bestmöglich unterstützen, und insbesondere die Bienen, sind sie doch allein schon für die Bestäubung unverzichtbar.

In Crewe Hall, Cheshire, schuf W. A. Nesfield dieses prachtvolle Ornament-Parterre aus niedrigen Buchshecken. Die Zwischenräume füllte er mit Kieselsteinen in Ocker- und Blautönen.

verbunden wie die Heckenkirsche mit der Hecke. Etwas zu säen oder zu pflanzen ist ein Akt des Willens und der Hoffnung. Damit die Saat trotz widriger Witterung, wilder Kreaturen, Unkräuter und zu viel oder zu wenig Wasser aufgeht und gedeiht, müssen wir sie hegen und pflegen.

Für viele Menschen ist Gartenarbeit deshalb sowohl eine Therapie als auch eine Metapher für das Leben als solches. Als Lohn winken Schönheit, Nahrung, Kreativität und Verbundenheit mit der Natur. Daneben ist Gärtnern aber auch ein wichtiger Wirtschaftsfaktor. So errechnete ein im Oktober 2018 von Oxford Economics veröffentlichter Bericht, dass der Sektor Gartenbau im Jahr 2017 24,2 Milliarden Pfund zum britischen Bruttoinlandsprodukt beitrug und fast 600 000 Arbeitsplätze bereitstellte. Darüber hinaus habe die große Anziehungskraft britischer Gärten und Parks auf ausländische Touristen im selben Jahr für rund 2,2 Milliarden Pfund an zusätzlichen Einnahmen gesorgt.

Es ist also an der Zeit, die englische Gartenkultur, wie sie uns heute, im 21. Jahrhundert, begegnet, hier vorzustellen und ihr damit Ehre zu erweisen. Das Buch stützt sich auf das einzigartige Archiv der Wochenzeitschrift *Country Life*, die erstmals am 8. Januar 1897 erschien, im Jahr des diamantenen Thronjubiläums von Königin Viktoria. Da das Magazin seit Langem als nationales Kulturgut gilt, dürfte ein kurzer Ausflug in seine Geschichte nützlich sein.

Neben sportlichen und künstlerischen Themen, die allwöchentlich in *Country Life* behandelt werden, besteht ein zentrales Element der Zeitschrift in der Vorstellung eines Landhauses und seines Gartens, fast immer auf den Britischen Inseln. In über 120 Jahren summierten sich so mehr als 6000 Gärten zu einem ebenso umfangreichen wie vielfältigen Bild- und Textarchiv. Letzteres ist für Forscher und Denkmalpfleger – von Wissenschaftlern über Privatpersonen bis hin zum National Trust – von unschätzbarem Wert.

Die frühen Ausgaben zeigen ein interessantes Potpourri an Gartenmoden der Viktorianischen Epoche in gestochenen Schwarz-Weiß-Aufnahmen. So wurden in Swaylands, Kent, und Waddesdon, Buckinghamshire, spektakuläre Felsgärten festgehalten und in Cleeve Prior, Worcestershire, und Campsea Ashe, Suffolk, altehrwürdige Topiari-Gärten mit den seltsamen Formen, die sie um 1900 angenommen hatten. Auf den Landgütern von Aristokraten und Industriellen ließ sich viktorianische Prachtentfaltung bestaunen. Die riesigen, mit saisonalen Beetpflanzen gestalteten Parterres des Marquess von Northampton in Castle Ashby aus den 1860er-Jahren beispielsweise – eine äußerst pflegeintensive Zurschaustellung

Dieses viktorianische Parterre in Hardwick Hall, Derbyshire, „verewigte" die Initialen seiner Besitzerin Elizabeth, Countess of Shrewsbury („Bess of Hardwick"). Zwar ist es heute zerstört, aber Luftaufnahmen aus trockenen Sommern beweisen, dass es unter der Oberfläche weiterexistiert.

OBEN LINKS Diese um 1900 entstandene Fotografie belegt die viktorianische Vorliebe für Fassadenbegrünungen und süße Hündchen. Terrier, die einen Karren mit Welpen ziehen, war ein Motiv, dass die Leserinnen und Leser von *Country Life* besonders liebten und häufig einsandten.

OBEN RECHTS Ebenfalls üppig begrünt: Warley Place, das Anwesen der berühmten Gartenkünstlerin Ellen Willmott. Die von einer Ziege gezogene Miniaturkutsche scheint eine Neuerwerbung, auf die die Kinderfrau ein wachsames Auge hat.

adliger Grandeur – standen offensichtlich 1897 noch in voller Pracht. Ebenso waren die von W. A. Nesfield 1854 in Stoke Edith, Herefordshire, geschaffenen komplexen Broderie-Parterres mit ihren an Spitzen erinnernden ornamentalen Buchseinfassungen und dazwischen eingestreutem, unterschiedlich gefärbtem Kies Anfang des 20. Jahrhunderts noch intakt. Daneben wirkte die ebenfalls von Nesfield gestaltete Anlage in Crewe Hall, Cheshire, aus den 1850er-Jahren 1901 bereits recht mitgenommen. Mitte des 19. Jahrhunderts, in einer Zeit des wirtschaftlichen Aufschwungs, entstanden überall im Land üppige Gärten im italienischen Stil mit steinernen Balustraden, Statuen und Brunnen, deren Glanz jedoch selten bis ins 20. Jahrhundert Bestand hatte.

Jahrhundertelang lebten die Besitzer traditioneller Landgüter von der Landwirtschaft. Dies insbesondere, nachdem die zwischen dem 17. und 19. Jahrhundert in England schnell voranschreitende Serie von Landordnungsmaßnahmen *(enclosure acts)* es großen Landbesitzern ermöglichte, sich vormals gemeinschaftlich genutztes Land anzueignen. In den 1870er-Jahren kam es jedoch aufgrund witterungsbedingter Missernten zu starken Einkommensverlusten. Pächter, die ihre Zahlungen nicht mehr aufbringen konnten, zogen auf der Suche nach Arbeit in die Städte oder wanderten aus. Lebensmittel mussten zu niedrigeren Preisen aus dem Ausland importiert werden – eine Entwicklung, die sich nicht mehr umkehren ließ. Infolgedessen fiel der Wert landwirtschaftlicher Nutzflächen von 135 Pfund pro Hektar im Jahr 1875 auf 48 Pfund im Jahr 1897. Die seit 1894 betriebene Erhöhung und konsequentere Eintreibung der Erbschaftssteuer trug zur finanziellen Belastung der Landbesitzer bei. Schließlich sahen sich viele verarmte Landbesitzer zum Verkauf gezwungen, sodass Ende des 19. Jahrhunderts Hunderte von Herrenhäusern und Tausende Hektar Land auf den Markt kamen. Diese Entwicklung setzte sich bis in die 1920er-Jahre hinein fort, der Erste Weltkrieg sowie die Grippe-Pandemie trugen das Ihre dazu bei.

Die Aufteilung großer Landgüter ermöglichte es nun auch gewöhnlichen Sterblichen – und vor allem jenen, die als Geschäftsleute und Industrielle in jüngster Zeit reich geworden waren –, sich in das Dasein eines Gutsherrn einzukaufen. In Zeiten, in denen eine neue soziale Mobilität vielen die Gelegenheit bot, sich in ländlicher Umgebung eine Parzelle Land zu erobern und darauf ein Haus zu errichten, florierten auch die Geschäfte von Immobilienmaklern, Baufirmen und Innenarchitekten sowie von Herstellern von Gewächshäusern und Rasenmähern. Aber auch alle jene profitierten von der Entwicklung, die eine Plattform für die Bewerbung dieser Immobilienangebote und Ausstattungsgegenstände bereitstellten. *Country Life* trat also nicht zufällig genau dann auf den Plan, als es die Bedürfnisse unzähliger Menschen zu bedienen galt, die ein direktes oder indirektes Interesse am Kauf, Verkauf oder der Instandsetzung ihres Landbesitzes hatten.

Da der Kreis an Lesern und Leserinnen beschränkt war und die Bild- und Druckqualität außerordentlich hoch, konzentrierte sich die Zeitschrift von Anfang an auf das Luxussegment, wobei sie handwerkliches Können stets zu würdigen wusste. Mit Beginn des 20. Jahrhunderts trat neben die strengen viktorianischen Gärten mit ihren Blumenbeeten und italienisch anmutenden

Großartig: der Felsgarten von Waddesdon Manor, Buckinghamshire. Baron Ferdinand von Rothschild beauftragte James Pulham and Son hier damit, künstliche Felsen anzulegen. Sie bestehen größtenteils aus „Pulhamite“, einem Kunststein, der sich in mittel- und spätviktorianischen Gärten großer Beliebtheit erfreute.

GANZ LINKS Der „White Garden“ von Hidcote Manor in Gloucestershire im Jahr 1930, zu dem Fred Whitsey bemerkte: „Möglicherweise stammte die Idee von Johnstons amerikanischer Freundin, der Schriftstellerin Edith Wharton, die einen der ersten weißen Gärten angelegt haben soll.“

LINKS Blick auf den „Long Walk“ von Hidcote Manor aus einer der beiden Lauben am Ende der roten Staudenbeete: Die lange Sichtachse wird als Inspiration auf Johnstons Aufenthalt in Frankreich gewertet.

VORHERIGE DOPPELSEITE
„The Great Plat“ – das zentrale Parterre von Hestercombe House, Somerset, und das wohl schönste Ergebnis der Zusammenarbeit von Lutyens und Jekyll. Angelegt ab 1904 und eingefasst von Wegen sowie einer langgestreckten Pergola.

Terrassen ein freierer Stil. Edward Hudson (1854–1936), Gründer und Eigentümer von *Country Life*, setzte sich damals leidenschaftlich für die Arts-and-Crafts-Bewegung ein (bei Gärten ebenso wie hinsichtlich der Architektur und Ausstattung), worin ihn die berühmte Gartenkünstlerin Gertrude Jekyll (1843–1932) unterstützte. Artikel über die von regionalen Baustilen inspirierten Häuser des talentierten jungen Architekten Edwin Lutyens (1869–1944) und die dazugehörigen von Jekyll geplanten Gärten fanden Eingang in das Magazin und brachten den beiden wichtige neue Aufträge.

Jekylls eigener Garten in Munstead Wood sowie der Garten des Anwesens Gravetye Manor, das ihrem Freund, dem Verleger und Gärtner William Robinson, gehörte, waren die beiden berühmtesten Arts-and-Crafts-Gärten ihrer Zeit. Hingegen wurde der Garten von Hidcote Manor, der heute vielen als der einflussreichste des 20. Jahrhunderts gilt, erst ab 1930 in Zeitschriften und Büchern veröffentlicht, zu einem Zeitpunkt also, als er seine volle Reife erlangt hatte.

Hidcote war das Werk von Lawrence (Johnny) Johnston (1871–1958), einem anglophilen Amerikaner, der 1907 zusammen mit seiner sehr wohlhabenden Mutter sein neues Domizil in den nördlichen Cotswolds bezog. Die Lage auf einem zugigen Hügel hätte eine weniger zielstrebige Persönlichkeit wahrscheinlich von der Anlage eines Gartens abgehalten. Johnstons ausgeklügeltem Entwurf ist aber bis heute Bewunderung zu zollen: Er arrangierte unterschiedliche Gartenräume, manche offen und zielgerichtet, andere geschlossen und intim, und betonte ihren jeweiligen Charakter durch die entsprechende Bepflanzung. „Kein Garten des 20. Jahrhunderts hatte größeren Einfluss auf die Entwicklung der Gartenarchitektur und die Gestaltung von Hausgärten“, schwärmte Fred Whitsey 2007 über Hidcote. Auf Johnstons Freundin, die Schriftstellerin Edith

RECHTS Herrenhaus mit Zeder: Die Schwarz-Weiß-Aufnahmen aus *Country Life* zeigen den Garten von Hidcote Manor, wie er 1930 aussah. Damals stellten zwei Artikel ihn erstmals einem breiteren Publikum vor.

Wharton, wirkte der Garten geradezu „quälend perfekt". Im Jahr 1948 übergab Johnston Hidcote Manor dem National Trust – das erste Anwesen, das die Stiftung allein des Gartens wegen übernahm – und stellte so seine Erhaltung und seine öffentliche Zugänglichkeit sicher.

Im Laufe des 20. Jahrhunderts fand die internationale Moderne auch Eingang in *Country Life*, wenn auch eher vereinzelt und eingestreut zwischen traditionellerer Kost. Die Gärten der Mitte des 20. Jahrhunderts folgten häufig einer stark reduzierten Formensprache, beliebt waren Anlagen mit rechteckiger, asymmetrischer Terrasse und architektonischem Wasserbecken neben dem Haus, die in eine offene, vereinzelt von Bäumen bestandene Rasenfläche übergingen (wie in Bentley Wood, Sussex, und Gribloch, Stirlingshire). Wenn diese Anwesen in eine Wald- oder Heidelandschaft eingebettet waren, so etwa Serenity und The Homewood in Surrey, benötigten sie wenig mehr als diese Umgebung, denn das Treiben der Vögel, Eichhörnchen und Hirsche jenseits der großen Fenster bot genug interessante Blickpunkte. King's Head House in Buckinghamshire fiel etwas aus dem Rahmen durch seinen terrassenförmig angelegten Innenhof mit modernem Wasserbecken und Art-déco-Sonnenuhr sowie Faltschiebetüren. Solche Türen, die es ermöglichen, Innen- und Außenraum in einen zusammenhängenden Bereich zu verwandeln, erscheinen uns als Elemente der Architektur des 21. Jahrhunderts, sind aber für King's Head bereits Ende der 1920er-Jahre dokumentiert. Jahrzehnte später erwachte eine zutiefst englische Passion für Pflanzen innerhalb der modernen Gartenbaukunst. Letztere zeigte sich beispielsweise in Turn End, dem Haus und Garten des Architekten Peter Aldington (ab 1970) in Buckinghamshire, oder in Denmans, West Sussex, wo der Landschaftsarchitekt John Brookes ab 1980 einen

UNTEN LINKS Charters House in Berkshire wurde 1938 erbaut. Stilistisch erinnert es an öffentliche Bauten aus Mussolinis Italien der 1930er-Jahre. Die kreisförmige, tempelartige Struktur und das Haus sind von pflegeleichten Koniferen umgeben, die eine erfahrene Gärtnerhand entbehren können.

UNTEN RECHTS Bentley Wood, Sussex, bis 1938 von dem Architekten Serge Chermayeff für den Eigenbedarf errichtet. Christopher Tunnard gestaltete den Garten ähnlich modern, wobei er weite Ausblicke nach Süden ermöglichte. Trittsteine führen zu einem Weg, der sich durch einen Birkenhain schlängelt.

OBEN LINKS Turn End, Buckinghamshire: Haus und Garten des Architekten Peter Aldington interagieren perfekt. Aldington baute drei Häuser auf dem Gelände, reservierte jedoch als leidenschaftlicher Gärtner eine große Fläche für seine Passion.

modernen Garten gestaltete. Beide fanden allerdings erst nach der Jahrtausendwende Eingang in *Country Life*.

Das Sammeln von Pflanzen hat eine lange Geschichte (S. 147). Allerdings war es zuzeiten des Schwarz-Weiß-Drucks schwierig, die Begeisterung für einen Garten oder ein Arboretum voller besonderer Pflanzen ans Publikum zu vermitteln. Die ersten Blumen des Jahres, blühende Bäume oder voll aufgeblühte Azaleen, in der Realität spektakulär, verwandelten sich auf dem Papier in unscheinbare weiße und graue Flecken. Auch die in der ersten Hälfte des 20. Jahrhunderts so beliebten Steingärten mit ihrer alpinen Flora ließen sich oft nicht angemessen wiedergeben.

Nach dem Zweiten Weltkrieg war es vor allem Margery Fish (1892–1969), die mit ihren inspirierenden Büchern die Liebe zu Cottage-Gärten neu belebte. Ihr Stil des Laissez-faire erlaubte den Pflanzen, sich selbst im Garten auszusäen, was in Zeiten, in denen Personal teuer und schwer zu bekommen war, viele Anhänger fand. Sie beherrschte insbesondere den Umgang mit Bodendeckern perfekt (ein Thema, das damals Amateur- wie Profigärtner beschäftigte), inklusive guter Ratschläge für heikle Standorte, etwa feuchten, trockenen oder schattigen Grund. Beth Chatto (1923–2018) wurde eine Generation später ihre würdige Nachfolgerin.

Jedem Kapitel dieses Buches ist eine kurze Einleitung vorangestellt, in der Informationen zum Umfeld der Gartenbaukunst und ihrer Geschichte zusammengestellt sind. So ergibt sich in der Zusammenschau ein Überblick über die Vielzahl von Stilen, Konzepten und historischen und visuellen Bezügen, die den „englischen Garten" ausmachen. Die außerordentliche Vielfalt englischer Gärten fällt direkt ins Auge, doch es gibt auch einiges, das die Gärten miteinander verbindet. Aus meiner Sicht ist das wichtigste Element, das sich fast überall findet, die emotionale Beziehung zwischen den Menschen und ihren Gärten. Diese kann in einer tief verwurzelten Liebe zu Pflanzen oder einer bestimmten

OBEN RECHTS Die abstrakte Skulptur aus Edelstahl des Bildhauers und Designers David Shilling ergänzt zwischen Strauchrabatte und Krocketrasen die elegante Neugestaltung anderer Gartenbereiche durch Rupert Golby und trägt zum modernen Flair bei.

OBEN Ganz im Sinne des bereits 1870 von William Robinson propagierten „wilden Gartens“: Frühling im Waldgarten von Abbots Ripton Hall, Cambridgeshire, mit wunderschönen 'Pheasant-Eye'-Narzissen zwischen aufblühenden Sträuchern und jungen Bäumen.

RECHTS, IM UHRZEIGERSINN Eindrücke aus dem Waldgarten von Beth Chatto in Essex vom Frühjahr 2000: Japanische Etagenprimeln *(Primula japonica)* in allen erdenklichen Rosa- und Violetttönen. Straußenfarn *(Matteucia struthiopteris)* und orangefarbener Wald-Scheinmohn *(Meconopsis cambrica)* 'Aurantiaca'. Tränendes Herz *(Dicentra spectabilis)* und darunter cremeweiße Herzblättrige Schaumblüten *(Tiarella cordifolia)*. Bezaubernde zartgelbe Kaukasus-Pfingstrosen *(Paeonia mlokosewitschii)*.

LINKS Dank einem Gertrude-Jekyll-Revival in den 1980er-Jahren kam die Beetgestaltung nach Farben erneut in Mode, so etwa bei Sandra und Nori Pope in Hadspen House, Somerset. Dieses Beet in Littlethorpe Manor, Yorkshire, wurde erst 2006/2007 angelegt und kombiniert Türkischen Mohn *(Papaver orientale)*, Rote Spornblumen *(Centranthus ruber)* und Sterndolden *(Astrantia)* 'Hadspen Blood'.

Landschaft oder auch in Erinnerungen begründet liegen. Für viele Menschen ist ihr Garten das wichtigste Ventil ihrer Kreativität. Einmal mit dem Gartenvirus infiziert, begleitet er die meisten ein Leben lang. Denn Gärten wachsen und verändern sich ständig, stellen immer wieder neue Herausforderungen und bescheren dem Gartenliebhaber ebenso Frust wie Freude.

Ich hatte das Glück, im Jahr 2000 Redakteurin für die Sparte Garten bei *Country Life* zu werden und mich genau achtzehn Jahre später von der Last wöchentlicher Abgabefristen befreien zu können. Für mich waren die Jahre bei *Country Life* eine wunderbare Erfahrung. Es waren Zeiten relativer politischer Stabilität und gesellschaftlichen Wohlstands, in denen Menschen gern in ihre Gärten investierten. Alle in dieses Buch aufgenommenen Fotografien stammen aus den letzten zwei Jahrzehnten und präsentieren insofern einen Querschnitt englischer Gärten des 21. Jahrhunderts. Viele der Anlagen sind deutlich älter, andere tatsächlich gerade erst entstanden. Ich habe sie nach Themen geordnet – wobei ich die Aufgabe, die etwa 900 Gartenporträts, die in den vergangenen 18 Jahren in der Zeitschrift erschienen sind, auf wenige Beispiele zu reduzieren, als extrem schwierig empfunden habe.

Die in diesem Buch vorgestellten Gärten verfügen alle über ganze Wagenladungen an Magie, Suggestionskraft, Dufterlebnissen und – zweifellos – auch Geheimnissen. Sie sind die Quintessenz englischer Gartengestaltung in all ihrer erstaunlichen Vielfalt, Kreativität und Inspirationskraft.

OBEN Eine lilafarbene Detailansicht aus dem einen Hektar großen Garten von Holme Hale Hall in Norfolk, den Arne Maynard neu gestaltete. Zu den kugelförmigen Blüten des Zierlauchs *(Allium hollandicum)* 'Purple Sensation' gesellen sich die blauen Blütenkerzen der Lupinen und violett blühende Schwertlilien.

FOLGENDE DOPPELSEITE Grün steht hier für ökologisch: der Garten von Birkhall, dem schottischen Landsitz von Prinz Charles in der Royal Deeside. Unter den Baumkronen schlängeln sich Graspfade durch dichte Pflanzungen von Funkien und Farnen.

1 FORMSCHNITT

Schnipp, schnapp, schnipp, schnapp ... Das Geräusch der Schere, mit der der Gärtner Pflanzen in Form schneidet, gehört zu den angenehmeren Arbeitsgeräuschen in Gärten. Viel angenehmer als das des elektrischen Heckenschneiders.

Formschnitt ist derzeit sehr beliebt, und viele Gartengestalter statten die Gärten ihrer Kunden heute mit fertig gekauften Exemplaren aus. Formschnittbüsche „von der Stange“ sind teuer, aber wenn es schnell gehen soll, lässt kaum etwas einen Garten so schnell „fertig“ aussehen wie mit dem Kran eingesetzte ausgewachsene Bäume sowie große beschnittene Hainbuchen, Rotbuchen oder Eiben.

Heute verkaufen auch viele Gärtnereien Formschnittbüsche in viel mehr Formen und Arten als noch vor 30 Jahren. Derzeit ist so viel Vorgefertigtes erhältlich und muss alles so schnell gehen, dass der Fertiggarten eine praktikable Lösung für alle darstellt, die es eilig haben. Das ist jedoch nicht ganz neu. Ein Mann mit dem passenden Namen Herbert J. Cutbush von William Cutbush & Son, im 19. Jahrhundert Inhaber einer Gärtnerei für Fertig-Formschnittfiguren, spezialisierte sich auf die heimische Eibe *(Taxus baccata)*, eine wegen ihres matten, dunklen, fast samtigen Immergrüns bei langjährigem regelmäßigem Beschneiden ideale Pflanze. Cutbushs beschnittene Büsche hatten oft die Form von Tortenständern mit Pfauen oder anderen Ziervögeln als Krönung.

Schon weit vor Cutbush existierte der höchst erfolgreiche Gartengestaltungs- und Gärtnereibetrieb von George London und Henry Wise. Zwischen 1689 und 1714 belieferte ihre Brompton Park Nursery die Fertiggärten, die sie für zahlreiche Herrenhäuser entwarfen, mit Tausenden von Bäumen und Formschnittbüschen. Von ihrer Expertise profitierten etwa Longleat, Burghley, Chatsworth, Grimsthorpe und Wanstead.

Einer der beliebtesten Gärten jener Zeit war (und ist bis heute) Levens Hall in Cumbria. Sein Formschnittgarten erstreckt sich vor der hellgrauen Steinfassade eines imposanten elisabethanischen Hauses und stammt aus dem 17. Jahrhundert. Damals gestaltete ein gewisser Guillaume Beaumont dort zwischen 1689 und 1712 einen formalen Garten. Die Landschaftsparkmode, die später fast das ganze Land erfasste, ging an Levens völlig vorbei, sodass wir dort den ursprünglichen alten, mit Hecken gegliederten und mit geometrischen Gebilden bevölkerten ummauerten Garten antreffen. Formschnitt kann sehr

In den 1980ern entstanden die Formschnittfiguren im Vorgarten von Wyken Hall, Suffolk, passend zum alten Herrenhaus und in Anlehnung an die miteinander verzahnten Ringe des Kräutergartens von Gertrude Jekyll in Knebworth House.

IM UHRZEIGERSINN Auf Bramdean House in Hampshire ähneln alte Eiben- und Buchshecken wogenden Kumuluswolken. Auf dem Rasen von Arley Hall in Cheshire bilden beschnittene Steineichen *(Quercus ilex)* einen hohen, imposanten Säulengang. Unter den vielen Formschnittfiguren von Hinton Ampner in Hampshire sind akkurate Eibenkegel und Buchswürfel. Eiben-Topiari im formalen Garten unterhalb von Henbury Hall in Cheshire.

atmosphärisch und romantisch daherkommen. So haben auch die Figuren in Levens im Laufe der Jahrhunderte erstaunliche Formen ausgebildet. Fast ebenso ungewöhnlich ist, dass die Beete um die Formschnittbüsche herum jedes Jahr mit rund 30 000 einjährigen Sommerblumen bepflanzt werden, die in den Treibhäusern auf dem Gelände vorgezogen werden. Das alles macht Levens zu einem der eindrucksvollsten und kurzweiligsten historischen Gärten des Landes.

Englischer Formschnitt weist oft amüsante, an die Volkskunst gemahnende Elemente auf, die nicht mehr viel mit der geometrischen Gestaltung des 16. und frühen 17. Jahrhunderts mit ihren formalen französischen und niederländischen Einflüssen zu tun haben. Zeitweise haben sich englische Topiari-Künstler auf erfinderische Formen kapriziert, über die manche den Kopf schüttelten. Dass in einem eleganten Garten wie Deene Park Formschnitt-Teekannen stehen, ist zweifellos sehr britisch und ein persönliches Bekenntnis zu Witz und Grille, demzufolge ein Garten nicht nur schön, sondern auch vergnüglich sein soll. Ebenso sind auch eine jahrelang liebevoll getrimmte Liguster-Dampflok in einem Cottage-Vorgarten oder ein riesiger, die Gartenmauer überragender Eiben-Pfau Zeugnis einer Kreativität, an der Passanten ihre Freude haben.

Inzwischen weiß man, dass Formschnitt auf den Britischen Inseln schon sehr früh vorkam. Ausgrabungen der Überreste des römischen Palasts Fishbourne bei Chichester in West Sussex förderten das größte je in Großbritannien entdeckte römische Wohngebäude zutage. Es wurde 75 n. Chr. erbaut, und damit gut 30 Jahre nach der römischen Eroberung. Im Zuge der archäologischen Grabungen ab 1960 wurde auf dem Villengelände ein großer, rechteckiger Gartenhof mit Formbeeten für Hecken und Bäume sowie Wasserzufuhranlagen für Brunnen entdeckt.

Unsere detaillierten Kenntnisse über römische Gärten – samt deren fantasievollen Formschnittpflanzen – verdanken wir einigen zeitgenössischen Quellen sowie den Wandmalereien in Pompeji, vor allem aber Plinius d. J. und seiner Beschreibung des Gartens seiner toskanischen Villa. Da gab es schattige Alleen, verflochtene und geschnittene Bäume sowie fantastische Formschnittfiguren, darunter „verschiedene Tiergestalten in Buchs [...]. Ringsum zieht sich ein Heckengang mit dichtem und mannigfaltig geschnittenem Gebüsch." Das Wort Topiari kommt vom lateinischen *topiarius*, „Kunstgärtner", der u. a. für das Erziehen von Efeu und das Beschneiden der Bäume und Büsche zuständig war. Auch bei den auf den folgenden Seiten vorgestellten Gärten spielt Formschnitt fast immer eine Rolle – in vielerlei Art und bei alten wie neuen Gärten.

LINKS Sachte, sachte! Damit sie ihre feinen Konturen behalten, werden die alten Formschnittfiguren von Levens Hall in Cumbria mit der Hand beschnitten.

RECHTS OBEN Levens Hall mit dem Topiari-Garten, 1926 von A. E. Henson fotografiert. Zwischen den Figuren der Irrgarten aus kleinen Beeten.

RECHTS Telefonieren wird sie wohl kaum – das Foto ist viel zu alt. Ein auffälliger Formschnitt über dem Tor eines alten Cottage-Gartens.

HASELEY COURT

OXFORDSHIRE

Viktorianische Formschnittfiguren bilden den Mittelpunkt dieses bemerkenswerten 50er-Jahre-Gartens von Stilikone Nancy Lancaster

1540 erwähnte der Altertumsforscher John Leland das „hübsche Herrenhaus" Little Haseley mit seinen herrlichen Spazierwegen, Formschnittgehölzen, Obstgärten und Wasserbecken. Weitgehend das Gleiche lässt sich heute noch sagen.

Das jetzige Gebäude stammt aus dem frühen 18. Jahrhundert, besteht aus dem schönen, hellen Stein, den man in der Region bei älteren Häusern und Bauernhöfen findet, und noch immer gehört ein berühmter, um 1850 neu gepflanzter Formschnittgarten dazu. Dass dieser noch fast 500 Jahre nach Lelands Besuch so bemerkenswert ist, ist der anglophilen amerikanischen Erbin Nancy Lancaster (1897–1994) und seinen derzeitigen Besitzern Desmond und Fiona Heyward zu verdanken, die ihn seit 1994 stetig weiterentwickelt haben.

Die Heywards lernten Nancy Lancaster kennen, als sie 1968 den angrenzenden Bauernhof erwarben, einst Teil des Anwesens. Fiona schrieb später, dass Nancy sie zum Lunch eingeladen und ihnen den Garten gezeigt hatte. „Wir waren begeistert von seiner Schönheit und dramatischen Atmosphäre, hätten aber nie gedacht, dass wir dort eines Tages leben würden."

In Amerika zwischen den altmodischen Buchsgärten Virginias aufgewachsen, bildete sich die junge Nancy Perkins in Frankreich fort. Mit ihrer Mutter besuchte sie die Loire-Schlösser und hielt sich in Chenonceau auf. „Da gab es Blumenrabatten, einen Buchs-Irrgarten, einen Gemüse- und einen Obstgarten. Ich liebte den ummauerten Teil. Ich war damals etwa zwölf, und der Garten hat mich berührt", erinnerte sie sich.

Sie heiratete 1917, verlor ihren Mann im ersten Ehejahr und heiratete kurz danach erneut. Ihre 27 Ehejahre mit Ronald Tree, 1947 trennte sich das Paar, waren eine kreative Phase für Nancy, die sie mit Hauspartys, Jagden und dem Einrichten von Landhäusern (vor allem Kelmarsh in Northamptonshire und Ditchley in Oxfordshire) verbrachte. Und wie in der Inneneinrichtung war sie auch in der Gartengestaltung Trendsetterin.

Nancys Vorliebe für buchsgesäumte Beete, Cottage-Garten-Blumen und altmodische Rosen (die im späteren 20. Jahrhundert auf ungezählte Landgärten übergriff) ging auf die Eindrücke ihrer Jugend in Virginia und an der Loire zurück und prägte all ihre Gärten. In Kelmarsh wählte sie für einen fächerförmig angelegten Rosengarten mit Buchshecken nur alte Sorten.

Nach ihrer kurzen Ehe mit Oberstleutnant Claude Lancaster kaufte sich Nancy das baufällige, aber elegante Haseley Court. Es folgten aufwendige Renovierungsarbeiten. Dann widmete sie sich dem Garten und seiner charakteristischen Atmosphäre. Einen zuvor ungepflegten Bereich südwestlich des Hauses erneuerte Sir Geoffrey Jellicoe, indem er ebene Kiesflächen und einen zentralen rechteckigen Rasen schuf. Dahinter pflanzte Nancy die lange Doppelreihe von Bäumen neu, die in den Kriegsjahren gefällt worden war. („Es war furchtbar schwierig mit Nancy", gestand Jellicoe, „weil sie sich auf ihrem Gebiet so gut auskannte.")

Der Schach-Formschnittgarten wurde um 1850 neu gepflanzt. Während des Zweiten Weltkriegs und danach pflegte ihn ein ortsansässiger Gärtner und rettete ihn so vor der Zerstörung.

LINKS Annäherung ans Haus: Eine Allee von kubisch beschnittenen Gehölzen verstärkt das Gefühl des Voran- und Ankommens.

UNTEN An der Kreuzung der Hauptwege in der Mitte des ummauerten und mit Hecken eingefassten Gartens ließ Nancy Lancaster eine große hölzerne Gartenlaube errichten, die sie blau strich, „Konföderierten-blau". Ihre Buchs-und-Rosen-Gärten waren inspiriert von Erinnerungen an ihre Kindheit in Herrenhäusern Virginias. Ihr Einfluss auf den englischen Gartenstil der zweiten Hälfte des 20. Jahrhunderts war ebenso groß wie der auf die Innenarchitektur.

FOLGENDE DOPPELSEITE Noch einmal der Schachgarten. Alte Rosen, Rittersporn und Fingerhut im ummauerten Garten.

Um die Ecke liegt der Topiari-Schachgarten, eine Folge geschickt platzierter hoher Buchsfiguren. Die Terrasse verbindet ihn mit einem intimen, schattigen Hof mit weiteren seltsamen Formschnittfiguren. Ein Pfad führt von hier zu hohen Bäumen, unterpflanzt mit Teppichen von Frühlingsblühern am Rand eines Kanalbeckens.

Nördlich des Hauses ergänzte Nancy zwei bereits vorhandene hohe Mauern mit zwei Hainbuchentunneln zu einem Quadrat, in dem ein üppiger Küchen-und-Schnittblumen-Garten Platz fand. Durch ihn verlaufen buchsgesäumte Kieswege zwischen ihren geliebten Rosen und Cottage-Garten-Blumen. Außerdem legte sie einen Goldregentunnel an sowie Bereiche für Essbares, ein Buchs-Wagenrad, Rasen, Spalierobst und vor allem eine Fülle von Blumen.

In den 1970ern wurden Nancys Geldmittel knapp. Dann brannte es auf Haseley Court auch noch. Nach der Renovierung zog sie in die Remise und verkaufte das Haupthaus, wobei sie sich für die Orangerie, ein Cottage und den ummauerten Garten das lebenslange Nutzungsrecht sicherte. 1982 erwarben die Heywards Haseley Court und erneuerten Teile des Gartens. Nach Nancys Tod 1994 ging auch der ummauerte Garten in ihren Besitz über. Seit nunmehr 25 Jahren ist der Garten das Reich von Fiona Heyward, die die Bepflanzung tatkräftig verfeinert und erneuert, dabei aber den von Nancy vorgegebenen traditionellen englischen Gartenstil und ihre alten Rosen bewahrt. Unterstützt wird sie von Bryn Davies, „unserem ausgezeichneten Chefgärtner, der sich in allen Gartenfragen so gut auskennt".

WARNELL HALL

CUMBRIA

Zu den Formschnittelementen dieses nordenglischen Hanggartens gehören Zwiebeltürme und flakonförmig beschnittene Eiben

Die alte Formschnittkunst hat auch in Nordengland Spuren hinterlassen, besonders in Cumbria, wo der berühmte Formschnittgarten von Levens Hall (S. 31) liegt. Er vermittelt eine gute Vorstellung davon, wie Gärten vor Aufkommen und Vorherrschaft des englischen Landschaftsparks gestaltet wurden. Ebenfalls in Cumbria liegt das ausgedehnte schlossähnliche Anwesen Hutton-in-the-Forest, zu dem noch immer Reste eines formalen Gartens aus dem 17. Jahrhundert und eine Menge Topiari gehören. Allerdings stammen Letztere wahrscheinlich überwiegend aus viktorianischer Zeit, als diese Tradition wiederbelebt wurde.

Nicht weit von Hutton-in-the-Forest entfernt gibt es einen relativ neuen Formschnittgarten, der in den letzten 30 Jahren aus dem Nichts erschaffen wurde. Warnell Hall ist ein reizvolles, massives Tudor-Herrenhaus, erbaut in dem in der Region vorhandenen rosafarbenen Sandstein. An einen Hang gesetzt und teilweise von Bäumen geschützt begrüßt seine Südseite, sprich Rückseite, die Sonne: Ein offener Rasen lässt den Blick über einen unsichtbaren Graben (einen sogenannten Ha-Ha; siehe S. 210–211) in Cumbrias weite Felslandschaft gehen. Der ganze Rest ist mit dicken, erstaunlich geraden Trockenmauern abgeschirmt, die genauso robust wirken wie das Haus.

Als seine derzeitigen Besitzer Nicholas und Kate Coulson das Anwesen erwarben, war es bereits restauriert. Den Garten aber wollten sie selbst gestalten und sich zu eigen machen. In akademischer Herangehensweise informierte Kate sich durch umfängliche Lektüre und den Besuch vieler Gärten: die ideale Methode, herauszufinden, was man mag – und was nicht. Um sich in Gartenpraxis und -gestaltung kundig zu machen, schrieb Kate sich auch für Kurse an der English Gardening School in London ein. Auf Grundlage des von den Vorbesitzern geschaffenen ausgezeichneten Grundgerüsts aus Hecken und Formschnittpflanzen unterzog sie die Bepflanzung einer strengen Prüfung. Schließlich ergänzte sie eine reduzierte Farbpalette, um die gewünschte Balance zwischen Struktur und Weichheit zu erreichen.

Direkt östlich des Hauses liegt ein gepflegter ummauerter Küchengarten. Er hat die traditionelle quadratische Form mit Wegen, die sich in der Mitte kreuzen, und sauber mit Buchs gesäumte Beeten. An den sonnigsten Wänden ranken Spalier-Apfelbäume. Im Zentrum fallen kleine, zwiebelförmige Formschnittgehölze ins Auge. Ihre Form passt perfekt in einen Küchengarten, war aber wohl von den Zwiebelhelmen auf John Nashs exotischem Royal Pavilion in Brighton inspiriert.

Im Westen schmückt hübsches Kopfsteinpflaster die kleine in das seitenverkehrte L des Hauses eingefügte Terrasse. Deren aus vier rechteckigen buchsgesäumten Beeten bestehendes Parterre ist ein sonniges Plätzchen für Duftpflanzen wie z. B. *Perovskia atriplicifolia* 'Taiga', eine hübsche Zwergform der Silber-Perowskie, die gleich im ersten Jahr blüht.

Zu den Formschnittfiguren im „Vorgarten" nördlich des Hauses gehören dunkelgrüne Parfümflakons aus Eibe und schirmförmige Weißdorne. Die Schnüre hindern einige Zweige daran, ihrer natürlichen Wuchsform nach oben zu folgen, und ermöglichen so die Kugelform. Zu Füßen der Weißdorne bildet Strauchveronika kleine Kissen.

Eine Stützmauer markiert den Beginn des Anstiegs Richtung Westen. Von der Terrasse aus präsentiert sich die erhöht angelegte erste Rabatte nahezu auf Augenhöhe, was ihre Wirkung verstärkt. Die intensiven Sprengsel scharlachroter 'Beauty-of-Livermere'-Mohnblumen, leuchtend violetten Zierlauchs und 'Masterpiece'-Lupinen sind um verschiedene hellgrüne und limettenfarbene Begleiter ergänzt. Interessanterweise war Kate ein Besuch eines Penelope-Hobhouse-Gartens auf der windumtosten, baumlosen Hebrideninsel Oronsay in Erinnerung geblieben. Sie merkte sich, welch überraschende Wirkung die schillernden Farbspiele der Dahlien an dem wilden, kargen Ort hatten.

Da lag die Frage nahe, wie eine solche Rabatte an einem Ort existieren kann, an dem ständig der Wind bläst und die durchschnittliche Regenmenge zu den höchsten Großbritanniens zählt. Die Antwort ist, dass zwei Profigärtner alles in Schuss halten und die Beetpflanzen mit verflochtenen Buchenzweigen stützen, die aus den nahen Wäldern stammen.

Auf der nächsten Ebene erstreckt sich ein gepflegter Rasen mit Buchs-Zwiebeltürmen, die die leuchtende untere Rabatte überragen, auf der einen Seite und einer Stauden- und Rosenrabatte in sanften Farben auf der anderen. Dahinter ragt eine von Kaskaden von 'Ispahan'-Rosen unterbrochene Reihe von Säuleneiben auf.

Die höchste Ebene des Gartens markieren ein langer, grüner Heckenweg und Torbogen aus Eibe. Weitere Formschnittpflanzen gibt es vor der Nordfassade des Hauses, wo Eiben-Parfümflakons und Weißdorn-Schirme den Rasen bevölkern, Letztere in Kissen aus Strauchveronika. In diesem Garten bleibt nichts dem Zufall überlassen – hier findet auf eindrucksvolle Weise jede Einzelheit Beachtung.

LINKS OBEN Eine kleine Frühstücksterrasse im Osten mit Blick auf den Weg, der zum gepflegten Küchengärtchen führt.

LINKS Mithilfe eines Bambusgerüsts beschneidet die erfahrene Formschnittgärtnerin Lyn Brunetti Eibenbüsche auf dem vorderen Rasen.

RECHTS Gerahmter Blick vom Haus auf den mit Kopfsteinen gepflasterten Hof und seine vier buchsgesäumten, rechteckigen Beete. Die Stützmauern aus Bruchstein markieren den Anstieg zum Hang mit seinen Rabatten und zwiebelförmigen Buchsbäumen.

LINKS Blick nach Norden entlang der obersten Rabatte mit ihrer akkuraten Säuleneibenreihe und üppigen Sommerbepflanzung aus Rosen und Katzenminze in sanften Farben. Rosen umranken auch die südlichen Pfeiler des Pavillons, der an Arts-and-Crafts-Gebäude erinnert und den Blick begrenzt.

LINKS UNTEN Blick vom Küchengarten: Viele klug überlegte Details fallen ins Auge, darunter die hübschen Tore, die passend zum Stein graubraun gestrichen wurden.

RECHTS Die verschiedenen Ebenen dieses hügeligen Anwesens zeigen sich besonders deutlich, wenn man vom westlichen Ende des Vorgartens Richtung Süden blickt. Kate Coulson war froh, dass die Vorbesitzer die Mauern gebaut bzw. repariert hatten, sodass sie sich auf die Feinheiten der Bepflanzung konzentrieren konnte. Der regelmäßige Schnitt erhält die individuellen Formen der Eiben.

ALLT-Y-BELA

MONMOUTHSHIRE

In seinem eigenen Garten kreierte Arne Maynard mit Spalierbäumen und viel Topiari atmosphärisch unverwechselbare Bereiche

Der Gartengestalter Arne Maynard lebte 15 Jahre in der Moorlandschaft Lincolnshires, wo er einen schönen formalen Garten anlegte. Dann zogen er und sein Partner William Collinson 2005 auf die andere Seite des Landes in die walisischen Hügel. Nach den langen Jahren auf windigem, flachem Ackerland sehnte sich Maynard, aufgewachsen im ländlichen Dorset mit seinen bewaldeten Hügeln und schönen Talblicken, nach Anhöhen und großen Bäumen.

Kein Zweifel: Auf Allt-y-Bela, einem Anwesen, das sie eines Tages zufällig beim Durchblättern einer Ausgabe von *Country Life* entdeckt hatten, fanden sie die ersehnten Hügel. „Wir haben uns auf der Stelle verliebt", erinnert sich Maynard. Das Haus, erbaut im 15., 16. und 17. Jahrhundert, war eine Ruine, als der Londoner Spitalfields Trust es erwarb, eine gemeinnützige Organisation, die schützenswerte Gemäuer vor dem endgültigen Verfall rettet. Nach vier Jahren Renovierung wurde es auf dem freien Markt zum Verkauf angeboten.

Maynard weiß noch, dass damals zwischen Haus und Weg Kies gestreut war, um einen Zugang zu schaffen. Es gab keinen Garten, nur ringsum und an den Hängen ein undurchdringliches Gebüsch aus Erlen, Schlehen und Brombeeren. So abgeschieden es heute ist, in der Tudorzeit lag das Anwesen wohl direkt an einer belebten Straße, die parallel zu einem früheren Viehweg verlief, auf dem einst Züchter ihre Tiere zum Markt in Chepstow trieben.

Nach ihrem Einzug (und der Rodung des Dornendickichts) setzte Maynard als Erstes im Bereich vor dem Haus Massen einheimischer Zwiebelpflanzen, „weil sie schnell für historisches Flair sorgen". Er pflanzte Zehntausende wilder Narzissen und Schneeglöckchen, die in dem feuchten Boden rasch heimisch wurden. Waren Haus und Nebengebäude ursprünglich weiß, ist ihr jetziger Orangeton viel sanfter und schöner und strahlt eine Wärme aus, die sich bestens in die Grünschattierungen des Gartens und der umgebenden Landschaft einfügt.

Maynard mag Formschnitt und setzt ihn in seinen Gartenentwürfen gern ein. Allt-y-Bela zeugt von seiner Begabung für das Ziehen aller möglichen beschnittenen Bäume, die alle sorgfältig so platziert wurden, dass „sie das Haus in der Landschaft erden" und die Atmosphäre eines alten, zwanglosen Landsitzes betonen, der gepflegt, aber nicht zu sehr herausgeputzt ist.

Südlich des Hauses, jenseits der Zufahrt und mit Blick aufs Hauptgebäude, steht der alte Kornspeicher (jetzt Maynards Designatelier), hinter dem sich ein gemauerter Bach entlangschlängelt. Auch das musste gleich zu Beginn erledigt werden, damit die Winterregenfälle nicht die Hänge auswaschen, denn ihr ungehindertes Herabstürzen hatte im Erdgeschoss von Haus und Speicher regelmäßig zu Überschwemmung geführt. Im Zuge der Arbeiten auf dem Grundstück baute Maynard ein Amphitheater aus Gras, in dem gelegentlich Veranstaltungen stattfinden, etwa jeden Sommer Open-Air-Aufführungen von Shakespeare-Stücken.

Eine Stelzenhecke aus geschnittenen Zierapfelbäumen der Sorte *Malus* 'Evereste', die im Frühling weiße Blüten und im Herbst viele goldene Früchte trägt, verleiht dem Hof vorm Hauseingang Kontur. Außerdem wachsen hier Topiari dicht an dicht um eine 'Cardinal de Richelieu' Rose, die im Hochsommer kurz blutrot blüht.

LINKE SEITE Das kleine Spirallabyrinth aus Blutbuche trennt den hinteren Garten optisch von der Zufahrt zum Hauseingang ab.

LINKS Rings ums Haus gibt es verschiedenartige Topiari-Gruppen, nur da nicht, wo das Amphitheater in den Hang geschnitten wurde.

Am Haus ist der Rasen von Topiari in diversen runden Formen und unterschiedlichen Größen bevölkert. „Ich wollte, dass sie direkt aus dem Gras emporwachsen. Es gibt hier keine Paare; alles ist zwanglos“, sagt Maynard. Neben Figuren aus dunkelgrüner Eibe und kleinen Buchskissen gibt es viele aus Rotbuche, die im Frühjahr durch ein hübsches, frisches Grün und im Herbst durch herrliche Farben auffallen. Formschnitt begegnet einem auch in dem kleinen Hof vor den Eingangstüren, wo eine Reihe von weiß blühenden 'Evereste'-Zierapfel-Spalierbäumen eine dezente Trennwand zwischen Haus und Zufahrt bilden. Ein kleines doppelspiraliges Labyrinth, das westlich des Hauses den Beginn des richtigen Gartens markiert, besteht aus Blutbuche, einer weiteren Lieblingspflanze Maynards, deren violettrotes Laub mit Herbstbeginn in Kupfer- und Grüntöne übergeht.

Wo das Grundstück nördlich des Hauses wieder ansteigt, wurden gewaltige Mengen Erde abgetragen, um die üppigen Regenmassen daran zu hindern, den bis an die Haustür reichenden Hang hinabzurauschen und ins Haus einzudringen. Nach Beseitigung dieser zweiten Überflutungsquelle wurden hinter dem Haus Buchshecken in zwanglosen, unregelmäßigen Gittermustern und etliche weitere Formschnittgehölze gepflanzt, die aussehen, als umschlössen sie schützend das pfirsichfarbene Haus. Zu Maynards Lieblingen gehört die ungewöhnliche, fast reinweiße Rambler-Rose 'Astra Desmond', die hier an einem Gerüst rankt, sodass sie zu gegebener Zeit die Fenster mit Massen hübscher, kleiner Blüten umhüllt.

Jenseits des Gartens wird die ansteigende Landschaft zur Wildblumenwiese mit eingestreuten erlesenen, nicht heimischen Pflanzen: etwa *Iris reticulata*, der hellblauen Traubenhyazinthe 'Valerie Finnis' und eleganten Krokussen wie 'Snow Bunting' und 'Cream Beauty'.

Und hangaufwärts Richtung Nordosten liegt nicht weit vom Haus entfernt ein überaus hübscher kleiner Küchengarten, umfriedet mit einem Hasel-Flechtzaun und Spalierobstbäumen, die Bögen und niedrige Einfassungen bilden. Hier geht es effizient und biologisch zu. Schmückende Details und Blütenfülle machen die Idee des Selbstversorgergartens nur noch interessanter und verlockender.

Das hübsche Turmhaus von Allt-y-Bela (laut Maynard das älteste seiner Art in Wales) hatte Glück, dass es in die Hände von so engagierten Besitzern fiel, denen daran liegt, einen Garten zu schaffen und zu erhalten, der voll und ganz zu ihm passt.

LINKS Der Küchengarten ist rustikal und ländlich. Die rechteckigen Hochbeete und der Flechtzaun geben ihm eine fast mittelalterliche Anmutung. Dahinter sind die letzten Blüten des Schnittblumengartens sichtbar – Dahlien und Kosmeen. Zu kaufen gibt es selbst gezogenes Gemüse kaum: „In puncto ‚Delikatessgemüse', wie ich es gern nenne, sind wir fast Selbstversorger", sagt Maynard. An Haselbögen gezogene Spalierbirnen säumen die zentrale Wegeachse.

RECHTS OBEN Posieren fürs Foto: Maynards Katze Hudson zwischen Kürbissen.

RECHTS Das Haus für die frei laufenden Hühner hat Räder, sodass man es nach Bedarf in verschiedene Teile des Gartens schieben kann.

2 KIRCHLICHE GÄRTEN

Die Klöster in England und auf dem Kontinent lehnten sich an das Vorbild der römischen *villa rustica* an, eines landwirtschaftlichen Anwesens mit Obst- und Nussgärten, Weinberg und Gemüsegarten. Auch zu Klöstern gehörten meist ein Garten (der sich aus dem römischen Peristyl entwickelte) und Fischteiche sowie – ebenso wichtig – ein dezidierter Bereich für Heilkräuter. Anthony Huxley bemerkte dazu: „So wie Lords, Barone und Könige verschanzten sich auch die religiösen Gemeinschaften hinter Mauern, wobei es ihnen weniger um den Schutz vor Angriffen als um Abgeschiedenheit ging. Innerhalb der Klostermauern versorgten sich viele Gemeinschaften komplett selbst."

Wenn Bruder Cadfael (ein von Ellis Peters erdachter, Mordfälle lösender Benediktinermönch des 12. Jahrhunderts) Kräutertränke braut, nutzt er Kenntnisse, die er auf Reisen im Heiligen Land erworben hat. Über die gesamte nachrömische Epoche hinweg bewahrten die mit Kontinentaleuropa und ferneren Ländern verbundenen britischen Klöster das Kräuter- und Gartenwissen. Eine wichtige Rolle spielten ihre Heilkräutergärten. Die Kräuter wuchsen in mehreren kleinen rechteckigen Beeten, oft etwa auf Kniehöhe, was nicht nur die Arbeit erleichterte, sondern empfindliche Pflanzen auch vor Staunässe schützte. Zwischen dem Fall des Römischen Reichs und den etwas ruhigeren Zeiten nach der normannischen Eroberung kam den Klöstern eine Schlüsselrolle bei der Bewahrung der Gartenbautradition zu: Sie hüteten die größte Vielfalt damals bekannter Arten samt den Kenntnissen über deren medizinische Nutzung.

Ein interessanter, aber oft übersehener Aspekt englischer Gartenkultur sind die Gärten, die zu einigen der großen mittelalterlichen Kathedralen gehören. Das Land um die Kirchenbauten wurde ursprünglich von den Klerikergemeinschaften landwirtschaftlich genutzt. Heute sind diese Außenanlagen meist nur noch fragmentarisch erhalten, manchmal aber öffentlich zugänglich. Im Fall von Burford Priory (S. 59) zeigen die Fotos den Zustand der im frühen 20. Jahrhundert, also in der Edwardianischen Ära, restaurierten Gärten, wie sie bis 2008 aussahen, als das Kloster verkauft wurde.

Eine besonders interessante Neubelebung eines „kirchlichen Gartens" findet sich im Londoner Viertel Lambeth. Die dortige Kirche Saint Mary-at-Lambeth beherbergt heute das Garden Museum. In den 1850ern grundlegend erneuert, wurde die Kirche 1972 säkularisiert und ihr Abriss beschlossen. Sie

Perfekt komponiert: Die großartige Kathedrale von Wells in Somerset spiegelt sich in einer der Quellen *(wells)*, denen die Stadt ihren Namen verdankt. Vom gewundenen Weg um den Teich aus können die Besucher sich an einem der üppig bepflanzten Bereiche des bischöflichen Gartens erfreuen.

IM UHRZEIGERSINN Alle Geschöpfe, groß und klein: Eine Stockente führt ihre Küken zu den Gewässern rings um die Gärten des Bischofspalasts von Wells. Oben die Ruhe selbst, unten heftiges Paddeln: ein Schwan mit seinen flaumigen Jungen auf dem Wassergraben, der den Garten des Bischofspalasts umgibt. Kirchliche Hackordnung in der Domfreiheit der Kathedrale von Canterbury: frei laufende Hühner im Garten des Dekans.

hatte allerdings sehr alte Ursprünge: Die erste Kirche an der Stelle stammte aus vornormannischer Zeit und gehörte zu der von den Erzbischöfen von Canterbury gegründeten Glaubensgemeinschaft. 1976 erforschten die Hobbyhistoriker John und Rosemary Nicholson den verfallenen Friedhof und entdeckten die aufwendig gestaltete Grabstätte zweier königlicher Gärtner und Botaniker, John Tradescant d. Ä. (um 1570–1638), des ersten bedeutenden Gärtners und Pflanzenjägers Englands, und seines Sohnes John Tradescant d. J. (1608–1662). Letzterer zog in der Nähe in seinem eigenen botanischen Garten aus Übersee mitgebrachte Pflanzen. Dank unermüdlichem Einsatz konnten die Nicholsons den drohenden Abriss der Kirche, die einem Busbahnhof der Waterloo Station weichen sollte, abwenden. 1977 gründeten sie eine gemeinnützige Stiftung zwecks Einrichtung und Erhaltung des Museum of Garden History (wie es anfangs hieß) in der ehemaligen Kirche.

Seither nimmt der Erfolg des Garden Museum stetig zu, besonders seit 2006, als Christopher Woodward die Leitung übernahm. Das großzügig und modern gestaltete Innere beherbergt interessante Gartenbauexponate aller Epochen, und übers Jahr verteilt finden abwechslungsreiche Ausstellungen und Veranstaltungen statt. Außerdem gibt es ein preisgekröntes Café und neu gestaltete Gartenhöfe von Dan Pearson und Christopher Bradley-Hole. 2016 legten Arbeiter bei einer Renovierung ein Gewölbe frei, in dem sich 30 Särge befanden, u. a. von fünf Erzbischöfen von Canterbury, etwa Richard Bancroft (1544–1610), der die einflussreichste englische Bibelübersetzung geleitet hatte (die sogenannte King-James-Bibel). Es ist wirklich erfreulich, dass dieses geschichtsträchtige Stück Alt-London bewahrt wurde.

Die grünen Friedhöfe, die alte Landkirchen umgeben, können in diesem Buch nicht berücksichtigt werden. Erwähnt sei aber, dass viele heute unter Naturschutz stehen, das heißt, bestimmte Bereiche zugunsten von Wildblumen nicht gemäht und manchmal spezielle Quartiere für Fledermäuse und Honigbienen eingerichtet werden.

BURFORD PRIORY

OXFORDSHIRE

Country Life dokumentierte die weitläufigen Außenanlagen des alten Klosters, bevor es verkauft und sein Garten verändert wurde

Das Gros der zahllosen Menschen, die die hübsche Stadt Burford in den Cotswolds besuchen, weiß nichts von dem alten Kloster, obwohl das weitläufige Gelände mit seinen Wäldern und Wiesen, die sich bis zum gewundenen Lauf des Flusses Windrush erstrecken, gleich hinter der High Street beginnt.

Bis vor Kurzem lebte eine kleine Gemeinschaft anglikanischer Benediktinermönche und -nonnen in dem Kloster, das auf eine wechselvolle Geschichte zurückblickt. Schon im 13. Jahrhundert standen dort ein Ordenshaus und ein dem heiligen Johannes gewidmetes Spital, das sich um Reisende und die Armen und Kranken vor Ort kümmerte. Anfangs genoss es bescheidenen Wohlstand, doch damit war es bald vorbei. Als Heinrich VIII. die englischen Klöster auflöste, schenkte er 1543 das „einstige Spital des Evangelisten Johannes in Burford" seinem Wundarzt, einem gewissen Edward Harman. In den folgenden mehr als 400 Jahren blieb es in weltlicher Hand, bis es 1947 von einer Schwesterngemeinschaft erworben wurde und 1987 die Benediktinermönche hinzukamen.

Über die mittelalterlichen Gebäude ist wenig bekannt, erhalten sind nur ein paar gotische Bogen. Später wurde ein großes, E-förmiges elisabethanisches Landhaus errichtet und Mitte des 17. Jahrhunderts an dessen eine Seite eine Kapelle gesetzt. Vor rund 200 Jahren wurde das Haus verkleinert. Im 19. Jahrhundert war es dann überwiegend unbewohnt und verfiel rapide. Gerettet wurde es erst von Oberst Fenwick Bulmer de Sales La Terriere und seiner Frau, die es ab 1908 über drei Jahre hinweg von Grund auf instand setzten. Damals wurde auch der Garten dem Geschmack des frühen 20. Jahrhunderts entsprechend angelegt, wobei Entwurf und Bepflanzung wohl im Wesentlichen in den Händen von Mrs. de Sales La Terriere lagen.

In der Nähe gibt es viel berühmtere edwardianische Gärten: den ab 1907 von Lawrence Johnston angelegten Garten Hidcote in Chipping Campden; Abbotswood Gardens in Stow-on-the-Wold, 1901 von Edwin Lutyens neu gestaltet; Rodmarton Manor Gardens der Familie Biddulph bei Tetbury, dessen Neuanlage Ernest Barnsley 1909 übernahm; und den Garten von Snowshill Manor bei Broadway, der Charles Wade gehörte und ab 1920 im Arts-and-Crafts-Stil umgestaltet wurde. Handelt es sich bei den genannten um aufwendige, architektonisch anspruchsvolle Anlagen von bleibendem Ruhm, kommen andere in der Region bescheidener und schlichter daher. Zu ihnen zählte der Garten von Burford Priory, wo die Stütz- und Schutzmauern aus Steinen des zugehörigen Steinbruchs bestehen und der edwardianischen Mode des Formschnitts gefrönt wurde.

Da der Garten bedeutende Veränderungen erfahren hat, seit die anglikanische Gemeinschaft ihn 2008 verkaufte, kommt den Fotos, die die Zeitschrift *Country Life* vor dem Besitzerwechsel aufnahm, besondere Bedeutung zu. *Country Life* hatte damit auf eine Bitte von Bruder Anthony reagiert, der den Betrieb der Außenanlagen in Burford leitete.

So sah der Garten der Burford Priory aus, bevor das Anwesen 2008 verkauft wurde und die anglikanischen Mönche und Nonnen auszogen. Im Mittelalter ein Kloster, lag es danach 400 Jahre lang in weltlicher Hand, bevor es ab 1947 wieder eine religiöse Gemeinschaft beherbergte. Der Garten und die Topiari wurden 1908 von den damals neuen Besitzern im Edwardianischen Stil wiederhergestellt.

Besonders eindrucksvoll sind die riesigen geschichteten Formschnittfiguren, die sich in Zweiergruppen gleich oberhalb der ersten niedrigen Stützmauer aufreihten und die volle Breite des Rasens einnahmen. Vor hundert Jahren war die Tortenständer-Form anscheinend sehr beliebt, wie zahllose alte Fotos im Archiv von *Country Life* beweisen. Damals veröffentlichte die Formschnittgärtnerei Cutbush in der Zeitschrift regelmäßig Anzeigen für vorgefertigte Exemplare aus Eibe.

Auf einem weitläufigen Rasen hinter den Eiben legte die Ordensgemeinschaft mithilfe von Schnur und Rasenmäher ein Rasenlabyrinth mit einem über einen halben Kilometer langen Weg an. Solche Labyrinthe wurden im Mittelalter überall auf den Britischen Inseln geschaffen, doch ihre Formen und ihre symbolische Bedeutung sind viel älter, und viele Mythen ranken sich um sie. Bei Glaubenseinrichtungen angelegte Exemplare verband man mit Kontemplation oder Buße, viel zahlreicher waren aber temporäre, zu prosaischeren oder gar Unterhaltungszwecken angelegte. Jenseits des Rasenlabyrinths lag eine aus Samen heimischer Pflanzen gewachsene Wildblumenwiese.

Die Apfelbäume in dem alten erhöht gelegenen Obstgarten stammen großenteils von Anfang des 20. Jahrhunderts. Bruder Anthony begeisterte sich besonders für einen Quittenbaum, dessen Früchte in guten Jahren 50 Gläser Gelee hergaben. Ein großer ummauerter Garten versorgte die Gemeinschaft mit einer Fülle frischer Lebensmittel. Dahinter wartete eine noch größere Überraschung: ein fast fünf Hektar großer Wald mit zahllosen Schneeglöckchen im Winter, gefolgt von Massen Wilder Tulpen im Frühling, bevor die Bäume ihre Laubkronen ausbreiten.

Nach dem Kauf der Anlage engagierten die neuen Besitzer die Gartengestalterin Mary Keen, um die Anlage familientauglich machen zu lassen. Dabei wurden die Außenbereiche zwar elegant modernisiert und einige verändert, das Rasenlabyrinth aber beibehalten. Auch der ummauerte Küchengarten blüht und gedeiht weiterhin ebenso wie ein paar schöne Rabatten.

LINKS Auf einer großen Rasenfläche oben im Garten legten die Brüder mithilfe von Stock, Schnur und Grasmäher ein Labyrinth an. Traditionelle Rasenlabyrinthe haben eine faszinierende Geschichte: Viele stammen aus dem Mittelalter, doch ihre Muster und Symbolik sind viel älter.

RECHTS Diese Szenerie mit dem alten Gebäude, das hinter Bäumen im vollen Sommerornat fast verschwindet, hat etwas Zeitloses. Die meisten Fingerhüte in der Rabatte sind verwelkt, aber Mohn und Lupinen blühen noch in leuchtenden Farben. Der Rasenweg passt perfekt zur Atmosphäre.

GARTEN DES BISCHOFS-PALASTS VON WELLS

SOMERSET

Alte Mauern und ein Graben umschließen einen der wohl ältesten ununterbrochen bewirtschafteten Gärten des Landes

Wells ist genau das, was sein Name verspricht: ein Ort mit Quellen. Drei bedeutende liegen im Herzen der hübschen kleinen Stadt, davon zwei auf dem Gelände von Bischofspalast und Kathedrale. In römischer Zeit entstand an den Gewässern eine kleine Gemeinde, 704 n. Chr. unter den angelsächsischen Königen eine Klosterkirche sowie ab 1175 die gotische Kathedrale und der Bischofspalast, seit rund 800 Jahren Sitz der Bischöfe von Bath und Wells.

Im Mittelalter umgab ein Rotwildpark den Palast. Der Garten entwickelte sich je nach persönlichem Interesse der Bischöfe. Seine Fläche ist beträchtlich, und heute sind die rund 5,7 Hektar tagsüber zugänglich, wenn keine privaten Veranstaltungen stattfinden.

Wegen der sprudelnden Quellen, die in den Kalksteinhöhlen der nahen Mendip Hills entspringen, liegen der Palast und Teile seiner Gärten auf einer von einem Graben umgebenen Insel, die als solche schon beeindruckend ist. Sie ist in mehrere miteinander verbundene Bereiche unterteilt, je mit reizvollen Blicken, ob auf mittelalterliche Gemäuer oder die Kathedrale selbst.

Die heutige Gestaltung der unmittelbaren Umgebung des Palasts und seiner Nebengebäude mit ihrem Wechsel großer Rasenflächen und Blumenareale geht im Wesentlichen auf George Henry Law (1761–1845) zurück, Bischof von Bath und Wells von 1824 bis zu seinem Tod. Dem Gartenfreund mit einer Vorliebe für den damals modernen pittoresken Stil stand in Wells genau der richtige Fleck zur Verfügung. Er nutzte ein verfallenes Gebäude, die Great Hall, also den einstigen Versammlungs- und Festsaal, aus dem 13. Jahrhundert. In den mageren nachreformatorischen Zeiten musste das Blei vom Dach des Gebäudes entfernt und verkauft werden. Bischof Law verstärkte den Ruinencharakter der Great Hall, indem er zwei Außenmauern abtragen ließ. Um die pittoreske Wirkung noch zu verstärken, ließ er auch anderswo im Garten neue „Ruinenmauern" errichten.

Von den einzelnen Bäumen, die Law und seine viktorianischen Nachfolger auf die Rasenflächen pflanzten, existieren einige heute noch, darunter eine imposante Schwarze Walnuss, eine Blutbuche, ein Trompetenbaum und ein Ginkgo. Diese Tradition setzte Bischof Bickersteth fort, als er 1977 anlässlich des silbernen Thronjubiläums von Elisabeth II. mithilfe seines Freundes Sir Harold Hillier hinter dem Graben ein kleines Arboretum anlegte.

Einen erneuten Aufschwung erlebte der Garten mit der Ernennung von Peter Price (Bischof von 2002 bis 2013), einem großen Gartenfreund, der 2004 einen neuen, dynamischen Chefgärtner einstellte, James Cross. Ihr gemeinsames Ziel war ein erweiterter Garten, der die historische Umgebung respektiert und zugleich das Interesse eines breiteren Publikums weckt. In den letzten Jahren wurden daher viele neue Pflanzen angesiedelt, von denen einige an die viktorianische Begeisterung für Grünpflanzen und exotische Blumen erinnern, etwa Bananenstauden, Dahlien, Reispapierbäume, Ingwer und Palmlilien.

Ein hoher Wall zieht sich um einen Teil der Insel, auf der der Bischofspalast samt seinen großen Gärten liegt. Vom Wallweg eröffnen sich weite Blicke in die umgebende Landschaft sowie auf die Insel und Teile des Gartens. Am südlichsten Punkt befindet sich eine Bastion, von der der prägnante Hügel Glastonbury Tor sichtbar ist.

Zu den Quellen mit ihren üppigen feuchtigkeitsliebenden Stauden gelangt man auf einer Holzbrücke über den Graben. Eine 2003 von Mary Keen entworfene Rabatte, die parallel zum größten Teich verläuft, wurde zugunsten einer längeren Blühsaison verändert. Von dort erreicht man den zuletzt angelegten Bereich des Gartens, den 2013 eröffneten „Garden of Reflection". Hier wachsen 85 Hängebirken zwischen Frühlingsblühern, die von Wildblumen in hohem Gras abgelöst werden – ein naturnahes Ensemble, dessen Anblick man von einer zwölf Meter langen gerundeten Steinbank aus genießen kann. Dahinter liegt der Community Garden, ein beliebter pädagogischer Bereich, in dem man sich neue Fertigkeiten aneignen sowie Blumen und Gemüse für den Verkauf und die Präsentation im Palast ziehen kann.

OBEN Das geschützte Terrassenbeet vor dem alten Apfelkeller. Seit dieses Foto für *Country Life* aufgenommen wurde, ist die Bepflanzung großenteils erneuert worden. Unverändert reizvoll ist der Blick auf die Wälder jenseits der Stadtgrenze.

RECHTS Der Wasserfall entsteht durch Öffnen der Schleuse, die die Niveauunterschiede zwischen verschiedenen Abschnitten des Grabens ausgleicht.

LINKS Die „knallige“ Rabatte zu Beginn ihrer Blühsaison, wenn sie noch nicht richtig „knallig“ ist! Die gelben Blumen sind Syrisches Brandkraut, die blauen Sibirische Katzenminze und die rote Rose ist eine ‘National Trust’. Später kommen heute regelmäßig Bananenstauden und Dahlien (darunter mehrere ‘Bishop’-Sorten) hinzu.

RECHTS Ein Teil des Parterres im Ostgarten nahe der „knalligen Rabatte“. Dieser formalste der heute noch existierenden Gartenteile mit der originalen Urnenvase als Blickpunkt datiert von Mitte des 19. Jahrhunderts.

DOMFREIHEIT DER KATHEDRALE VON CANTERBURY

KENT

Eine kleine Wildblumenwiese mit frei laufenden Hühnern und hübsche Gärten vor klerikalen Wohngebäuden

Das in der östlichsten Ecke Südenglands gelegene Canterbury ist eine alte Stadt mit UNESCO-Weltkulturerbe-Status und dank Touristen und Studenten das ganze Jahr über belebt. Ihr erster Erzbischof, Augustinus, war Prior in Rom, bevor Papst Gregor der Große ihn 596 auf Missionsreise in Æthelberhts Königreich Kent schickte. Unter ihm konvertierten die heidnischen Angelsachsen, die nach dem Rückzug der Römer dort siedelten, und bald auch Æthelberht selbst – er war bereits mit einer christlichen Prinzessin verheiratet. Augustinus machte Canterbury zu seiner Machtbasis.

Der Sitz des Erzbischofs von Canterbury (heute das geistliche Oberhaupt der Church of England und Ehrenoberhaupt der weltweiten Anglikanischen Kirchengemeinschaft) wurde 597 gegründet. Schon bald nach der normannischen Eroberung kam es zum Neubau. Die gotische Pracht der heutigen Kathedrale ist dem Folgebau des 12. Jahrhunderts zu verdanken. Weil sie 1170 Schauplatz der brutalen Ermordung von Erzbischof Thomas Becket war und eine wichtige Rolle bei der Aushandlung der Magna Carta spielte, ist die Kathedrale in der englischen Geschichte von besonderer Bedeutung.

Der Bau ist von Verwaltungs- und Wohngebäuden umgeben, die überwiegend sehr alt sind und zusammengenommen „Precincts" (Domfreiheit) genannt werden. Einige der Häuser haben hübsche kleine (oder auch größere) Gärten, so etwa die des Dekans, des Archidiakons, des Domschatzmeisters, des Dombibliothekars und des Dompfarrers.

Auf einer kleinen Wildblumenwiese, die zum Garten des Dekans gehört, gackern frei laufende Hühner und unterstreichen so die zentrale christliche Botschaft, dass

LINKS Die Flint- und Backsteinmauern des Dekanats schützen den Garten, sodass darin Palmen und Bananenstauden gedeihen. Der gewundene Pfad verläuft entlang einem Rasen, um den sich mehrere weitere kleine grüne Areale gruppieren, darunter ein Küchengarten und eine Wiese.

RECHTS Auf der kleinen Wildblumenwiese im Dekanatsgarten suchen frei laufende Hühner zwischen Margeriten nach Futter.

LINKS Rosen zuhauf zwischen alten Mauern. Zur Domfreiheit gehören zahlreiche Gärten, große wie kleine; viele liegen im Schutz historischer Mauern, zwei oder drei sogar in dem der mächtigen römischen Stadtmauer.

auf Gottes Erde Platz ist für all seine Geschöpfe, groß und klein. Dazu passt, dass Dekan Robert Willis, der sich intensiv um seinen Garten kümmert, an einer Seite ein Dickicht aus jungen Bäumen gepflanzt hat, das seine Haus- und Perlhühner vor den im Turm der Kathedrale lebenden Wanderfalken schützt. Die Rabatte im Hauptgarten des Dekans ist mit Stauden und exotischen Pflanzen gefüllt. An dessen einer Seite liegt ein Küchen-und-Schnittblumen- und dahinter ein Obstgarten. Ein schmaler von einer Pumpe gespeister Bach belebt einen schattigen Bereich mit Primeln und anderen Sumpfpflanzen. Vor dem Haus gibt es einen Rosengarten mit Buchseinfassung, wo viele David-Austin-Rosen wachsen, etwa 'Brother Cadfael', eine nach Ellis Peters' fiktivem Mönch benannte, hübsche rosa Sorte.

Die Gärten des Dombibliothekars und des Domgeistlichen sind abgeschlossener, bieten aber schöne Ausblicke. Beim Erzdiakon stehen Hochstämmchen-Rosen und herrliche Funkien, und beim Domschatzmeister gibt es eine schöne, alte Blutbuche und, entlang der römischen Mauer, eine große Rabatte. Auf dem Gelände der Domfreiheit liegt passenderweise auch ein Heilkräutergarten, der sich an das 1597 erschienene Pflanzenbuch *The Herball* von John Gerard anlehnt, von dem die Kathedrale ein Exemplar besitzt.

OBEN LINKS Bei geeigneter Unterstützung klettert die goldgelbe Rose 'Graham Thomas', wuchert aber nie wild.

OBEN Eine Gruppe Kübel mit Lilien und Pfingstrosen auf der Terrasse vorm Nebeneingang des Dekanats.

3 FORMALE GÄRTEN

Ab der zweiten Hälfte des 18. Jahrhunderts verstand man unter einem englischen Garten in der Regel weite, gewellte Rasenflächen mit einzelnen Bäumen und einer natürlichen Ausstrahlung. Im 19. Jahrhundert kamen in Frankreich *jardins à l'anglaise* in Mode, in Deutschland englische Landschaftsgärten, in Spanien nannte man sie *jardín inglés*, in Portugal *jardim inglês* – aber alle beruhten auf derselben Zwanglosigkeit des landschaftlich gestalteten Parks (S. 95). Bis zum 18. Jahrhundert waren die Gärten der Engländer hingegen in der Regel ebenso formal wie die auf dem Kontinent. Was die Frage aufwirft, was ein formaler Garten eigentlich ist.

Formale Gestaltung weist typischerweise Zeichen der Kontrolle auf: gerade Linien, Geometrie, Disziplin. Formale Gärten sind oft von Symmetrie und teilweise von komplizierten Mustern geprägt, haben daher etwa einen Irrgarten, ein Parterre oder ein Knotenbeet (ein Muster aus verschlungenen niedrigen Hecken, z. B. aus Buchs und Heiligenkraut). In vielen gibt es Formschnittfiguren, jene extrem gebändigten, mit der Schere geformten Pflanzen, die jedoch auch in nicht formalen Gärten vorkommen, also nicht per se ein Kennzeichen formaler Gärten sind.

Im Laufe der jahrhundertelangen Entwicklung der Gartenkultur wurde dann irgendwann deutlich, dass ordentliche Beete mit Nutzpflanzen wie Gemüse und Kräutern viel leichter zu pflegen sind, wenn sie nicht zu breit sind. Rechteckig und planmäßig angelegt, passen mehrere nebeneinander auf die verfügbare Fläche, dazwischen verlaufende Wege machen sie zugänglich. Sät man die Samen in geraden Linien aus, kann man die Pflänzchen viel besser versorgen – gießen, Unkraut zupfen, ernten – und neue pflanzen, ohne die anderen zu behindern. So etablierte sich der formale Stil als Standardgestaltung sowohl für Gemüse als auch für Zierpflanzen (und bietet sich für Küchengärten immer noch an, S. 171).

Zahlreiche Darstellungen europäischer Gärten vom Spätmittelalter bis in die Renaissance zeigen Varianten des beschriebenen formalen Gartens. Oft wurden die Beete auf Fußknöchel- bis Kniehöhe angelegt und mit Weidenflechtzäunen oder Brettern eingehegt, die bisweilen mit Metalldraht verziert oder bunt bemalt waren. Den gleichen Zweck erfüllten Dachziegel und Pflastersteine sowie für heutige Augen wenig attraktive Kieferknochen von Tieren. (John Parkinson, Botaniker und Arzt Karls I., fand Letztere „zu grob und unedel". Doch wer weiß?

Wimpole Hall in Cambridgeshire. 1996 wurde das viktorianische Parterre wiederhergestellt, nachdem ein Entwurf seines Originalmusters aufgetaucht war. Die Blumenbeete sind nun wieder in den Rasen geschnitten und mit Karrees bunter Beetpflanzen gefüllt, die den ganzen Sommer über blühen.

Vielleicht bewährten sich die Knochen, weil sie nach und nach Phosphor und Kalzium an die Erde abgaben.)

Der von Mauern oder Hecken umschlossene und von Wegen durchkreuzte Garten eines Adligen der Tudorzeit geht auf die älteren Klostergärten und deren römische und persische Vorläufer zurück. 1629 notierte Parkinson zur Form des Gartens: „Das Quadrat ist die allgemein akzeptierte Form und passt am besten zu jedermanns Behausung, so er [der Garten] hinter dieser liegt und alle rückwärtigen Fenster auf ihn hinaus gehen." Mit wachsender Vorliebe für Ornamente wurden zunehmend Muster beliebt, die Stickereien nachahmten. Das Broderie-Parterre kam im späten 16. Jahrhundert in Frankreich auf und fand sich eine Zeit lang in englischen Renaissancegärten. Eine Wiederbelebung erfuhr es Mitte des 19. Jahrhunderts, vor allem durch W. A. Nesfield (S. 14, 16), der seine wunderbaren Schnörkelmuster auf traditionelle Weise mit farbigem Kies auffüllte. Als der formale Garten im 17. Jahrhunderts zum Ort der stolzen Präsentation von Blumen und dekorativen Mustern wurde, zog man in den großen Gärten zwar weiterhin auch Gemüse, aber an anderer Stelle. In seinen Werken *A New Orchard and Garden* und *The Country Housewife's Garden*, die 1618 zusammen publiziert wurden, empfahl William Lawson, stets zwei Gärten zu haben: einen Blumen- und einen Küchengarten.

Auf dem Höhepunkt der Ära des prachtvollen formalen Gartens in England in der zweiten Hälfte des 17. und den ersten Jahrzehnten des 18. Jahrhunderts hatten George London und Henry Wise einen florierenden Gartenbaubetrieb. Sie waren die bedeutendsten Gartengestalter ihrer Epoche. In erster Linie Gärtner, verkauften sie in ihrer Brompton Park Nursery, die eine Fläche von 40 Hektar bedeckte (heute befindet sich dort das Londoner Museumsquartier von South Kensington), alles, was ehrgeizige Gartenbesitzer sich nur wünschen konnten. Dazu gehörten eine große Auswahl an Obstgehölzen (so allein 72 Birnen- und 35 Pflaumensorten) und fertige Formschnittpflanzen. In den Gärten ihrer Kunden legten sie Alleen und Schonungen aus jeweils Tausenden von Bäumen an. London und Wise arbeiteten für jeden, der etwas auf sich hielt, und schufen riesige, aufwendige Anlagen mit symmetrischen Strukturen, Parterres, Massen geometrischer Topiari sowie Kanälen, Springbrunnen und Alleen. Dabei diente der Versailler Park von Ludwig XIV. als Vorbild, das sie so gut kannten, dass sie es für ihre englischen Kunden auf vielfältige Weise abwandelten. Ihre Gärten verursachten allerdings horrende Pflegekosten, und zwei Generationen später, in den 1750ern, fegte Capability Brown sie mit Billigung ihrer Besitzer alle hinweg (S. 95).

In der ersten Hälfte des 19. Jahrhunderts aber war der formale Garten wieder da. Der alte englische Stil – jene vor der Ära des Landschaftsparks des 18. Jahrhunderts allgegenwärtigen formalen, symmetrischen Muster und Knotenbeete – kam wieder in Mode und galt als richtig und ehrlich, als ungekünstelt. In *Victorian Gardens* hält Brent Elliott für die erste Hälfte des 19. Jahrhunderts fest: „Der Rückgriff auf die englische Geschichte bedeutete die Aufgabe klassischer Formen … und die Erkundung von solchen, die als heimisch gelten konnten."

Die Arts-and-Crafts-Gärten (S. 213) des späten 19. und frühen 20. Jahrhunderts waren formal und vielfach symmetrisch gestaltet, aber freier und lebendiger bepflanzt als beim viktorianischen Garten üblich. Ab dem Ersten Weltkrieg und fast das ganze 20. Jahrhundert über kamen formale Gärten schon aus Gründen des Personalmangels aus der Mode. An ihre Stelle traten natürlichere, mit Sträuchern und Bodendeckern bepflanzte Gärten. Ein Comeback erlebte der formale Stil dann wieder in den 1980ern und 1990ern dank einem neu erwachenden Interesse an historischen Gärten und seriöser Restaurierung (S. 265).

Die Gärten dieses Kapitels, alle in jüngerer Zeit entstanden, sind Beispiele für unterschiedliche Interpretationen des formalen Stils. So lehnt sich der von Hilborough House mit seinen vielen Formschnittpflanzen und seiner akkuraten Symmetrie an den englisch-niederländischen William-and-Mary-Stil des späten 17. Jahrhunderts an. Und in Barnsley House ergießt sich Rosemary Vereys üppige Pflanzenpracht über die geometrischen Elemente, die als stützendes Gerüst überraschenderweise dennoch überall spürbar bleiben.

IM UHRZEIGERSINN

Muster zuhauf. Der herrlich restaurierte Tudorgarten von Kenilworth Castle. Schwertliliensorten beleben das geometrische Parterre von Doddington Hall in Lincolnshire, wo im Frühsommer eine Schwertlilienwoche stattfindet. Herzförmiges Parterre auf Kettle Hill in Norfolk. Buchsheckenschnörkel ein viktorianischer Originalentwurf von W. A. Nesfield.

FOLGENDE DOPPELSEITE

Eine dünne Schneedecke betont das formale Muster eines Parterres in Aberglasney Garden, Carmarthenshire.

HILBOROUGH HOUSE

NORFOLK

Ein streng formaler Garten um ein neues Haus im niederländischen Stil: eine Hommage an anglo-niederländische Barockgärten

Verbindungen zwischen den Niederlanden und Englands östlichsten Grafschaften existieren dank Handel und Wissensaustausch schon seit Jahrhunderten. In Norfolk schlägt sich der Einfluss niederländischer Einwanderer in Alltag und Architektur auf vielerlei Art nieder. Überall in der Grafschaft haben Wohnhäuser, Läden, öffentliche Gebäude und manche Kirchen holländische Giebel. Der niederländische Einfluss zeigt sich auch bei vielen alten Herrenhäusern. Hilborough House ist hingegen ein Neubau, den der an historischen Formen geschulte Architekt Francis Johnson kurz vor seinem Tod 1995 fertigstellte, wobei er den englisch-niederländischen Stil des frühen 18. Jahrhunderts aufgriff. So ein Gebäude braucht natürlich die passende Umgebung.

Schon als das Flint-und-Backstein-Haus noch nicht ganz stand, beauftragte man daher Gartengestalter Arne Maynard mit der Anlage eines Gartens, der zu Johnsons prächtigem Herrenhaus passen sollte. Dessen breite Fassade geht nach Norden auf den Vorhof. Nach Süden erstreckt sich ein prachtvoller Garten im englisch-niederländischen Stil, wie er im späten 17. Jahrhundert Mode war, das heißt, er ist sehr formal – geometrisch und symmetrisch – mit einem sonnendurchfluteten, frischen grünen Rasen, beschnittenen Bäumen (Steineichen) sowie Schnecken und Schnörkeln aus Buchs und Eibe. Also völlig anders als Maynards intimere, bodenständige Gärten in Allt-y-Bela (S. 49) und South Wood Farm (S. 129). Zu beiden Seiten des Südrasens finden sich weitere aufwendig gestaltete Bereiche. Zunächst aber zu dem, was nördlich des Hauses liegt.

LINKS Hier kontrastieren niedrige Buchsschnörkel mit einem quadratischen Buchssockel, aus dem ein Obelisk aus beschnittener Blutbuche ragt. Dazu kommen beschnittene Steineichen. Die akkurate Gestaltung erinnert an formale Gärten des 17. Jahrhunderts.

RECHTS Blick vom nördlichen Senkparterre mit geometrischen Hecken und Topiari auf die Nordfassade.

Der herrliche Blick aufs Haus vom Ende des Südgartens mit seinen goldenen Eiben- und Buchsschnörkeln um die zentrale Fontäne. Obwohl neu, erweckt der Garten – wie das Haus – den Eindruck niederländischer Förmlichkeit des 17. Jahrhunderts.

Der nördliche Teil des formalen Gartens jenseits des Kieshofs am Vordereingang. Ganz am Ende steht eine Bank unter einem eleganten Bogen. Die Steinurne vorn thront über einer quadratischen Platte aus bronzefarbener Buche mit beeindruckend akkuraten Kanten.

Um Platz für das neue Haus zu schaffen, wurde ein Bauernhaus abgerissen. Dessen verfallenen Hof gestaltete Maynard zu einem quadratischen, formalen Parterregarten mit akkurat beschnittenen geometrischen Beeten mit Formschnittkegeln und -spiralen in den Ecken. Diese meisterhafte, vom 17. Jahrhundert inspirierte Komposition ist von einer Stelzenhecke aus geschnittenen Buchen sowie einer Eibenhecke zu deren Füßen umschlossen. Davor stehen in regelmäßigen Abständen bepflanzte Terrakottakübel.

Zurück im nach Süden gelegenen Garten mit seinem makellosen Rasen, dessen hinteren Rand eine Fontäne markiert, die aus einer riesigen flachen Schale emporsteigt, locken links und rechts weitere Gärten. Diese formalen Rosengärten entsprechen einander spiegelbildlich, wahren so die Symmetrie und enthalten je Hunderte Strauchrosen mit rosa, violetten oder weißen Blüten und teilweise herrlichem Duft. Darunter sind so beliebte historische Sorten wie die kirschrote 'Belle de Crécy', die samtig weinrote 'Tuscany Superb' und die blutrote 'William Lobb', deren Farben sich in der Unterpflanzung aus Storchschnäbeln, Lauch, Lavendel und Salbei wiederholen.

Dahinter setzen sich die Prinzipien der Symmetrie und Spiegelung fort, so in einem Obstgarten zu jeder Seite und kleinen Irrgärten – einer quadratisch, einer kreisrund, beide aus Blutbuche. Etwas ganz Besonderes ist ein rechteckiger Bereich östlich des Hauses: eine doppelte Staudenrabatte, auf der zuverlässige Langblüher wie der blauviolette Storchschnabel 'Brookside', Indianernessel, Bergastern und die hohe, violett blühende Scheinaster *Vernonia arkansana* späte Blütenpracht zaubern.

Auf Hilborough hantieren die Gärtner einen Großteil ihrer Arbeitszeit mit Gartenschere und Heckenschneider. Entsprechend beeindruckend ist das Ergebnis – und zweifellos in perfektem Einklang mit dem Haus im holländischen Stil.

OBEN Auf der einen Seite des Rosengartens, beim Haus, stehen mehrere breite Bögen hintereinander, an denen 'Madame-Alfred-Carrière'-Rosen ranken.

RECHTS Im Rosengarten pflanzte Maynard Mengen von Strauchrosen. Im Vordergrund die üppig blühende alte, stark duftende Sorte 'Ispahan' sowie Storchschnabel *(Geranium psilostemon)*. Das Bild zeigt nur eine Handvoll der hundert oder mehr Strauchrosen auf beiden Seiten des Rosengartens, alle in typischen Violett- und Rosatönen sowie eingestreutem Weiß.

HERTERTON HOUSE

NORTHUMBERLAND

Nostalgisch und dennoch vital: der wohlproportionierte Garten eines restaurierten Bauernhauses im hohen Norden Englands

Dass Capability Brown, der Meister großer, offener Landschaften, der so viele umfriedete formale und intime Gärten hinwegfegte, ausgerechnet einen Steinwurf vom symmetrisch gestalteten Garten von Herterton House entfernt geboren wurde und aufwuchs, entbehrt nicht einer gewissen Ironie.

Frank und Marjorie Lawley kamen 1975 nach Herterton. Damals pachtete das junge Künstlerpaar den National-Trust-Besitz, ein verfallenes ehemaliges Bauernhaus aus dem 16. Jahrhundert samt Nebengebäuden. Nach jahrelanger Renovierung des Steinhauses und der anderen Gebäude begannen sie schließlich mit der Anlage eines passenden Gartens.

Von der Straße aus zeigt sich ein interessanter Vorgarten mit gepflegten quadratischen Beeten, die mit beschnittenen Buchshecken und unterschiedlich geformten Topiari-Figuren eingefasst sind. Einige größere der schön geschichteten Eiben sind inzwischen echte Bauerngarten-Schätze. (Von da blickt man auf eine für die Grafschaft typische Landschaft mit hügeligen Weiden, einem Bach und Bäumen, die auf verblüffende Weise Capability Browns eigenen Händen entstammen könnte, was zeigt, wie sehr die heimatliche Umgebung diesen Meister des 18. Jahrhunderts inspiriert hat.)

Dank seiner L-Form blickt das Haus aus zwei Richtungen auf den Hauptgarten, aber als Erstes fällt der Heilkräutergarten östlich des Hauses ins Auge. Seine einfache symmetrische Struktur ist auf eine dichte, beschnittene Kuppel

LINKS Vor über 40 Jahren sind die Lawleys in das einstige Bauernhaus aus dem 16. Jahrhundert mitten im ländlichen Northumberland gezogen. Seitdem haben sie mehrere mit Hecken umfriedete, ganz unterschiedliche Gartenbereiche angelegt, ohne je das große Ganze aus dem Blick zu verlieren.

RECHTS Hochsommerlicher Staudenwirrwarr in einem der Garten-„Räume“.

OBEN Frank Lawley beim Beschneiden der Formschnittgehölze im Vorgarten.

RECHTS Blick vom Obergeschoss des Hauses auf die Tapisserie des Lawley'schen Gartens. Die Topiari und Hecken wurden so platziert, dass sie ein schönes, ausgewogenes Bild ergeben und das Auge auf die Weiden dahinter lenken.

aus Weidenblättriger Birne 'Pendula' ausgerichtet, um die sich Beete mit Einfassungen aus Zwerg-Porzellanblümchen und weißen Grasnelken gruppieren. In Anlehnung an die Kräutergärten der Renaissance wurden sie mit Blattgemüse, Arznei-, Färbe-, ein paar Giftpflanzen sowie duftenden Streukräutern wie z. B. Mädesüß bepflanzt.

Der Clou der Anlage aber ist ein langer, schmaler Streifen, der sich vom Haus Richtung Norden erstreckt: eine Abfolge formaler, symmetrisch angeordneter Abschnitte, durch die schmale Wege führen. In der Vegetationszeit verschwindet die geometrische Struktur unter einer Fülle sorgfältig gewählter Stauden. Marjorie Lawley widmet sich schon lange dem Farbschema der Blumen, das von blassen Pink-, kühlen Gelb- und Weißtönen nahe dem Haus über intensivere Blau- und Orangetöne im Zentrum bis zu tiefen Rot- und Violetttönen am anderen Ende reicht. Diese Farben fangen das Verstreichen eines Sommertags ein: vom weichen Licht der Morgendämmerung am Haus über die Hitze und Klarheit des Mittags bis zum prächtigen Abendrot in der Ferne. Die Grundstruktur des Gartens ist von Vorbildern aus der Tudorzeit inspiriert, als Farbenkünstlerin bezieht Lawley ihre Ideen aber aus der Moderne, aus ihrer Beschäftigung mit Piet Mondrian und Paul Klee. Viele der Blütenpflanzen hier sind die vertrauten altmodischen Cottage-Garten-Blumen, darunter ungewöhnliche Formen heimischer Wildblumen. Ein früher Einfluss kam von Margery Fish in East Lambrook, Somerset. In den 1960ern bezogen die Lawleys Pflanzen bei ihr, darunter verschiedene Formen des Scheinmohns, Habichtskraut, altmodische Stiefmütterchen, Pechnelken, Ranunkeln und Gänseblümchen. Mit seiner Lage auf 213 Meter Höhe und so weit im Norden hat dieser Garten nur eine kurze Saison, doch Marjorie Lawley wünscht ihn sich trotzdem farbenfroh.

Durch den Garten verläuft eine zentrale Sichtachse bis zur alten Grundstücksmauer. Sie endet in einer zweistöckigen Gartenlaube mit Giebeldach, die die Lawleys vor rund 20 Jahren gebaut haben. Von da sieht man auf der einen Seite den Garten und auf der anderen die Schafweiden, und vom oberen Stockwerk blickt man auf den „Fancy Garden" herab, ein Parterre mit niedrigen, geometrisch angeordneten Buchshecken, das mit Schnee bestäubt genauso frisch und schmuck aussieht wie das restliche Jahr über im schlichten grünen Kleid.

LINKS In Northumberland kann es in der wärmsten Zeit des Jahres kalt und im Winter noch kälter sein. Die dünne Schneedecke gibt dem Garten etwas Magisches, und das Törchen lädt zu weiterer Erkundung ein.

RECHTS OBEN Blick zurück aufs Haus. Unter ihren Schneehüllen erkennt man die Topiari-Formen nicht mehr.

RECHTS Eine kreativ geformte Kletterpflanze verleiht auch dem schlichtesten Nebeneingang Eleganz.

BARNSLEY HOUSE

GLOUCESTERSHIRE

Streng geometrische Muster im üppig bepflanzten Garten von Rosemary Verey aus der zweiten Hälfte des 20. Jahrhunderts

Als Rosemary Verey sich Anfang der 1950er-Jahre als junge Frau in Barnsley House im ländlichen Gloucestershire niederließ, wollte sie den Garten zunächst zu einem schönen Spielort für ihre Kinder machen. Als diese dann aber aufs Internat gingen, ermutigte David Verey seine kluge, dynamische Frau dazu, sich eingehender dem Garten zu widmen.

Dafür beherzigte Rosemary den nützlichen Rat von Percy Cane, einem angesehenen Gartengestalter jener Zeit, „stets die längste Achse durch den Garten bestmöglich zu nutzen“ und sie mit einem interessanten Blickpunkt zu versehen. Das gelang Verey in Barnsley House, indem sie einen Pfad zwischen Linden, die ihr Mann gepflanzt hatte, verlängerte und durch einen Laubengang aus Gold- und Blauregen bis zu einer Sonnenuhr am südwestlichen Rand des Gartens führte. Der berühmte Blick durch den Goldregen-Laubengang ist durch tausend Kalender und Zeitschriftencover in aller Welt bekannt geworden: atemberaubend, verschwenderisch, explosiv – wenn auch nur für kurze Zeit im späten Frühjahr.

Mit am spannendsten am Garten von Barnsley House ist, dass er auf dem Papier streng geometrischen Formen folgt, mit geraden Linien und symmetrischen Mustern, von denen einige auf Entwürfe zurückgehen, die Verey in Büchern des 17. Jahrhunderts fand. Ihre Auffassung von Bepflanzung führte jedoch dazu, dass diese strikten symmetrischen Strukturen fast das ganze Jahr über nahezu vollständig unter üppiger Blumenpracht verschwanden – was die der Fläche verhafteten Reißbrettpläne um eine dritte Dimension erweiterte. In *Mein Traumgarten entsteht* schrieb sie: „Als dieses Haus 1697 erbaut wurde, waren formale Gärten in England noch immer in Mode, und so entsprach es dem Zeitgeist, dem Garten eine formale Basis zugrunde zu legen.“

Mit der Neugestaltung des Verey'schen Gartens wurde übrigens nicht Percy Cane beauftragt. Rosemary gestand später, dass ein von ihrem Mann veranlasster Besuch Canes ihren Gestaltungswillen weckte: „… ich wollte einen Garten, der unseren Vorstellungen und nicht denen anderer Leute entsprechen sollte.“ Dessen Form entwickelte sie dann im Laufe der 1960er-Jahre. 1970 öffnete Verey Barnsley House erstmals fürs Publikum, und zwar im Rahmen des National Garden Scheme. Außerdem schrieb sie damals für *Country Life* den ersten von zahlreichen Artikeln.

Die gut getimte Veröffentlichung mehrerer Bücher zwischen 1980 und Mitte der 1990er-Jahre, die Realisierung von Gartenansichten, die der Traum jedes Artdirectors und Kalenderverlags waren, sowie die Anfragen exklusiver Kunden aus England und den USA, hochwertige Gärten für sie zu gestalten, machte auch Vereys eigenen Garten international berühmt. Sie geizte nicht mit Ratschlägen und war als strenge Zuchtmeisterin ihrer Gärtner bekannt. Stets machte sie umfangreiche Notizen und hielt darin nicht nur Fehler fest, die sich nicht wiederholen sollten, sondern auch die vielen Erfolge. Um eine andere Perspektive

„Als dieses Haus 1697 erbaut wurde, waren formale Gärten in England noch immer in Mode, und so entsprach es dem Zeitgeist, dem Garten eine formale Basis zugrunde zu legen“, schrieb Rosemary Verey in *Mein Traumgarten entsteht* (1995/1996). Auf dem Papier hat der Gemüsegarten eine streng geometrische Struktur, die in der Vegetationszeit zurücktritt.

zu gewinnen, empfahl sie, sich beim Erkunden eines Gartens „immer umzudrehen und ihn aus der anderen Richtung zu betrachten".

In Spitzenzeiten pilgerten mehr als 25 000 Besucher jährlich zu dem 1,4 Hektar großen Garten und bestaunten die üppigen Beete mit ihrer im Frühjahr und Sommer nicht enden wollenden Pracht ein- und mehrjähriger Pflanzen. Der Stil des Gartens mochte locker wirken, doch in Wirklichkeit kostete es enorm viel Zeit, die akkurate formale Struktur mit einer Fülle frisch aussehender Blumen zu füllen. Und im Winter sorgten Mengen immergrüner Sträucher und Frühblüher für den gewünschten Effekt.

Als Barnsley House 2002, rund ein Jahr nach Rosemary Vereys Tod, zum Verkauf stand, wurde breit diskutiert, was aus dem Garten werden sollte. Heute ist das elegante Steinhaus aus dem 17. Jahrhundert ein schickes Boutique-Hotel, und die aktuellen Besitzer halten Vereys Stil in beachtlichem Maß die Treue.

Ihren berühmten Potager richtete Verey an einem Entwurf aus William Lawsons *The Country Housewife's Garden* (1618) aus. Er riet, in einem Küchengarten

Blick von den Parterrebeeten auf den Eibenweg. Auch hier herrscht Geometrie, doch Vereys Bepflanzung lässt sie (vor allem in voller Blüte) verschwimmen und den Garten weicher und gefälliger wirken. Der Baum ist ein Pagoden-Hartriegel (*Cornus controversa* 'Variegata').

nie mehr als maximal anderthalb Meter breite Beete anzulegen, sodass die „jätenden Frauen“ nicht darauftreten mussten – ein Ratschlag, den Verey gerne aufgriff. Da ein Hotelrestaurant mehr benötigt, als ein kleiner Potager hergibt, wurde auf einer nahen ehemaligen Weide ein größerer Küchengarten angelegt. Im Kohlbeet lässt sich dort Toskanischer Palmkohl neben 'Purple-Sprouting'-Brokkoli und 'Romanesco'-Blumenkohl bestaunen. Besonders schön sind die Salatbeete mit ihren farbenfrohen Sorten. Und im mehrjährigen Kräuterbeet finden sich Salbei, Rosmarin und Majoran sowie zarter Fenchel.

Die Gärtner in Barnsley House erwarten nicht, dass Gäste in den Garten kommen, um die Komposthaufen zu inspizieren – so eindrucksvoll diese auch sind. Bei echtem Interesse erzählen sie aber stolz, dass die als Dünger verwendeten Pferdeäpfel von Tieren vor Ort stammen, und zwar aus den berühmten Rennställen gleich um die Ecke. Auf Barnsley House wahrt man bis heute hohe Standards – bis hin zum Mist auf den Blumenbeeten.

Der Gemüsegarten zeigt sich in weniger ordentlichem Zustand als zu Vereys Zeit. Stattdessen herrscht eine ungezungene Entspanntheit bei sich selbst aussäenden Vagabunden wie Mohn und Akelei sowie duftiger Wiesenraute zwischen Bohnen und Salat.

4 IM ÜBERBLICK: PARKS

Die meisten Menschen stellen sich unter einem Park einen Ort vor, der mit einer schönen Wiese und Bäumen zur Erholung einlädt. Ein öffentlicher Park ist eine der Allgemeinheit zugängliche Fläche und dient Städten als grüne Lunge inmitten eintöniger Häusermeere. Denkt man an weitläufige Parks in ländlicher Umgebung, wie sie Capability Brown anlegte, fällt das Bild bukolischer aus: Ein See schmiegt sich in die Niederungen und die ausladenden Äste von Zedern verweisen auf weit entlegene Herkunftsorte.

Parks waren ursprünglich viel mehr als nur Orte der Erholung. Man könnte sie sogar mit Fug und Recht als die Superjachten des 18. Jahrhunderts bezeichnen. Damals wurden viele der schönsten und größten Parks von reichen und mächtigen Kaufleuten und Aristokraten geschaffen, die politisch der Partei der Whigs nahestanden. Es bedurfte schon viel Geld, ein prachtvolles Herrenhaus in die Landschaft zu stellen, aber ein echtes Vermögen, um eine klug geplante Garten- und Parkanlage um das Haus anzulegen – und diese dann auch zu erhalten.

Die ersten Parks waren Wildgehege. Sie entstanden kurz nach der normannischen Eroberung Englands im Jahr 1066, denn die Jagd war ein beliebter Zeitvertreib des Adels und ein Prestigesymbol obendrein. Zu Beginn des 14. Jahrhunderts soll es bereits rund 3000 Wildparks gegeben haben, die meist zwischen 30 und 80 Hektar maßen, manchmal auch mehr wie der im Ashdown Forest, Sussex, der sich über mehr als 5500 Hektar erstreckte. Die Hirschjagd war nicht immer der einzige Zweck solcher Anlagen: Häufig grasten hier auch Schafe oder Rinder, manche verfügten über Fischteiche oder für die Holzwirtschaft verwertbaren Baumbestand.

Später, als Friede und Wohlstand eingekehrt waren, veränderten sich die Bedürfnisse, und viele ehemalige Wildparks wurden zu Ackerland oder, wenn sie in der Nähe von Häusern lagen, zu Gärten. Ab dem 17. Jahrhundert begann man, kunstvoll gestaltete Parks um die Gebäude anzulegen. Häufig orientierte man sich dabei am Kontinent und zog schnurgerade Alleen, die bis zum Horizont reichten und vor allem dazu dienten, Größe zu demonstrieren. Dem Adel und den sehr vermögenden Kaufleuten bot ein ausgedehnter Park, in den sich bewirtschaftete Waldflächen strategisch einfügten, eine willkommene Möglichkeit, sich von den profaneren Aspekten des Landlebens, vor allem von der bäuerlichen Tätigkeit, und natürlich vom städtischen Alltag abzuheben.

Ab 1755 entwarf Capability Brown für Burghley House, Lincolnshire, die Garten- und Parkanlagen sowie mehrere Gebäude – ein besonders langwieriger Auftrag. Brown bezeichnete sein Wirken dort später als 25 Jahre Vergnügen. Blick über den See zum in gotischen Formen gehaltenen Sommerhaus aus den späten 1760er-Jahren: Die durchbrochene Brüstungsmauer und die Fialen kommen vor der Dunkelheit der Zedern perfekt zur Geltung.

VORHERIGE DOPPELSEITE
Blick von der Kolonnade des Crichel House in Dorset. Das Gebäude aus dem 18. Jahrhundert öffnet sich auf einen Park mit typischer Geschichte: 1770 wurde Land beschlagnahmt, um die ursprüngliche Anlage zu erweitern, ein Dorf musste dem neu angelegten See weichen, Harold Peto fügte 1905/1906 einen Garten im italienischen Stil mit Topiari und ein Parterre hinzu, das 1970 wieder eingeebnet wurde.

Doch keineswegs alle Parks des 18. Jahrhunderts entstanden primär als Statussymbole. Insbesondere unter den Tories gab es viele Landadlige, die der Landwirtschaft eng verbunden waren und die, wenn sie denn Alleen anlegten, diese hin und wieder voller Stolz durch ihre bewirtschafteten Felder zogen. Joseph Addison (1672–1719) schlug 1712 vor: „Warum aber sollte man nicht ein ganzes Landgut in eine Art Garten verwandeln, indem man zahlreiche Pflanzungen anlegt, die dem Profit und Vergnügen des Besitzers gleichermaßen dienen?" In diesem Sinne könnte man etwa auf einem kleineren Anwesen Obstbäume statt einer ausgesuchten Sammlung von Zierbäumen anpflanzen und damit ebenfalls den Eindruck einer wild gewachsenen Landschaft erzeugen.

Diese Idee wurde perfektioniert in Form der sogenannten *ferme ornée*, des schönen Bauernhofs, dessen theoretische Grundlagen Stephen Switzer 1718 publizierte. Die Idee eines Bauernhofs, der bewirtschaftet wurde, aber ebenso dekorative Wirkung entfaltete, orientierte sich an romantischen Vorstellungen und führte letztlich zur Verdrängung der geraden Linie in der Gartenanlage zugunsten gewundener Wege, dahinplätschernder Gewässer, Grotten und bewusst arrangierter Ausblicke auf reizvolle Gebäude in einer bewirtschafteten Landschaft. Berühmte *fermes ornées* sind z. B. Wooburn Farm in Surrey von Philip Southcote und The Leasowes in Herefordshire von William Shenstone.

Einen völlig anderen Ansatz wählte der Bankier Henry Hoare für seinen ab den 1740er-Jahren in Stourhead, Wiltshire, angelegten Landschaftsgarten. Rein dekorativen Zwecken verschrieben, bildet ein See das Herz der Anlage sowie ein diesen umlaufender Spazierweg, auf dem der Besucher immer wieder Tempeln, Grotten und Bauwerken begegnet, die Szenerien aus der antiken Mythologie aufgreifen. Ähnlich inszeniert auch der ab 1738 angelegte Park von Painshill eine wunderschöne hügelige Seenlandschaft mit einer spektakulären Grotte und vielen beeindruckenden Ausblicken.

Die Intellektuellen jener Tage liebten es, diese Anlagen wortreich zu beschreiben, dies vor allem wegen ihrer Bezüge zum klassischen Altertum. Seither beschäftigt die Kunstgeschichte die Vorstellung, dass sich die Grundbesitzer des 18. Jahrhunderts für Poesie, Malerei und Philosophie interessiert und Szenen aus Gemälden von Nicolas Poussin, Claude Lorrain und Salvator Rosa in ihren Gärten nachgebildet hätten. Mag das auch auf einige zutreffen, so nur auf eine kleine Minderheit, denn wie Anthea Taigel und Tom Williamson feststellen: „In Wirklichkeit bestand die Hauptaufgabe der Gutsherren darin, Pflanzen zu hegen und Tiere zu töten. Tagebücher und Verzeichnisse zeigen, dass Landbesitzer vorrangig mit ihren Bauernhöfen beschäftigt waren sowie mit Bierbrauen, der Anlage von Pflanzungen, der Jagd, der Bewirtschaftung von Fischteichen und Taubenschlägen – und mit der Pflege ihrer Gärten. Sie zeigten sich interessiert am Ankauf von Setzlingen und Samen in den zahlreicher werdenden Provinzgärtnereien, tauschten Stecklinge mit Nachbarn, beschnitten Obstbäume und pflanzten Gemüse."

Die Frage, wie die Grand Tour, also der obligatorische Auslandsaufenthalt junger Adliger, der sie in die großen Städte Europas und zu den Meisterwerken der Kunst und Architektur führte, hier einzuordnen ist, beantwortet Charles Quest-Ritson folgendermaßen: „Die Wahrheit ist, dass die meisten dieser jungen Männer nicht ins Ausland reisten, um sich zu vervollkommnen, sondern um mit anderen Playboys in Saus und Braus zu leben – zu zechen, herumzuhuren und Kontakte zu knüpfen. Die meisten kehrten mit wirren Erinnerungen heim sowie mit der festen Überzeugung, dass ihr Heimatland allen anderen weit überlegen sei."

IM UHRZEIGERSINN Flora-Tempel und Paradiesquelle (Paradise Well) in Stourhead (Foto: 1930er-Jahre). Westterrasse von Chatsworth House mit Blick auf die von Capability Brown gestaltete Landschaft (Foto: um 1900). Statue eines antiken Flussgottes in der Grotte von Stourhead unter dramatischer natürlicher Lichtregie (Foto: 1930er-Jahre). Der große Kanal in dem Anfang des 18. Jahrhunderts angelegten formalen Park von Hall Barn, Buckinghamshire (Foto: um 1898).

Ugbrooke Park, Devon: Landschaftskunst à la Capability Brown. Für den in den 1870ern angelegten Park verlegte man eine Straße, beseitigte eine alte Allee, legte Seen an, staute den Ug Brook und pflanzte neue Bäume zwischen bereits vorhandene, darunter Stiel-, Zerr- und Steineichen sowie Edelkastanien.

Im 18. Jahrhundert erlebte England einen beispiellosen Wirtschaftsboom, dessen Motor Kolonialismus, Merkantilismus, Manufakturwesen und Neuerungen in der Landwirtschaft waren. Mitte des Jahrhunderts trat Lancelot Capability Brown (1716–1783) mit innovativen Vorstellungen von der Gestaltung englischer Landschaftsgärten auf den Plan. Er war bereits mit 24 Jahren Obergärtner in dem von William Kent umgestalteten Barockgarten von Stowe House. Zehn Jahre später hatte er sich einen Ruf als Gartengestalter erworben und ging eigene Wege. Brown, tatkräftig und freundlich, besaß eine rasche Auffassungsgabe und einen ausgeprägten Geschäftssinn und war als Wasserbauingenieur und Landschaftsarchitekt gleichermaßen versiert.

So attraktiv Browns Markenzeichen – sanft gewellte Grünflächen, geschwungene Uferlinien, natürlich anmutende Haine oder Waldstücke – auch sind, die Genialität und ungebrochene Popularität seiner Parkanlagen verdankt sich vor allem ihrem doppelten Nutzen: Sie waren lukrativ und dienten dem sportlichen Vergnügen. Einnahmen stammten aus der Haltung von Weidevieh, das zugleich das Gras kurz hielt, dekorativ wirkte und dank allgegenwärtigem Ha-Ha (S. 210–211) nicht in die Nähe des Hauses gelangen konnte. Gehölzgruppen kamen dem wachsenden Interesse an der Fuchsjagd entgegen, und Aufforstungen lieferten Bauholz.

Browns Landschaftsparks waren Meisterwerke, doch den Preis dafür zahlte die Landbevölkerung, eigneten sich doch die Besitzenden große, vormals gemeinschaftlich genutzte Flächen an. Ganze Dörfer wurden umgesiedelt, um etwa einen neuen See anzulegen. Rund 250 Parks sind mit Browns Namen verbunden; viele existieren bis heute und beweisen die Weitsicht seiner Konzepte (siehe S. 106–109).

Eine Generation später wandelte Humphry Repton (1752–1818) gelegentlich in Browns Fußstapfen. Repton war berühmt für seine „Red Books" mit Vorher-/Nachher-Skizzen der Parks, die er umgestalten wollte, und besaß das Talent, den Menschen und ihren Pflanzen wieder mehr Bedeutung einzuräumen. Zu seinen besten Arbeiten gehören die Gärten von Endsleigh Cottage, Sheringham Hall, Attingham Park und Woburn Abbey.

Endsleigh Cottage, Devon, heute ein stilvolles Hotel und einer der bestrestaurierten Landschaftsgärten von Humphry Repton mit Rasenterrasse und mehreren Gartengebäuden. Diese Ansicht von 1961 zeigt die rustikale von Jeffry Wyatville entworfene Veranda, deren Boden aus Schafsknöcheln besteht.

5 WASSERSTIMMUNGEN

In den Gärten, die sie während ihrer 400-jährigen Besatzungszeit in Britannien anlegten, brachten die Römer ihr Wissen über Wasserleitungen und Brunnenbau zum Einsatz. Das englische *fountain* leitet sich denn auch von dem lateinischen *fons* ab und steht ebenso für eine natürliche Quelle wie für einen künstlich angelegten Springbrunnen. Brunnen gab es aber schon vorher: In der Frühbronzezeit versorgten sie die Bevölkerung in Griechenland und auch im Industal mit Frischwasser aus Quellen oder Aquädukten. Die Nutzung von Wasser spielt in allen Zivilisationen der Welt eine bedeutende Rolle und wird besonders in heißen, trockenen Klimazonen aufwendig zelebriert.

Als sich auf den Britischen Inseln das Christentum ausbreitete, wählten die mittelalterlichen Mönche die Standorte ihrer Klöster mit Bedacht. Oft siedelten sie sich an herrlichen Stellen neben Fließgewässern an, die nicht nur praktischen Nutzen, sondern auch geistliche Erfrischung versprachen. Wasser erquickt und hebt die Stimmung, stimuliert und regt zu Kontemplation an. So liegt auch Fountains Abbey in North Yorkshire – eine der größten Zisterzienserabteien Englands und (natürlich) unter Heinrich VIII. zerstört – am Ufer des lebhaften Flusses Skell (vom Wikingerwort *skjallr*: „dröhnend").

Russell Page, der eloquenteste Gartengestalter des 20. Jahrhunderts, meinte, abgesehen davon, dass Wasser unabdingbar sei für den Anbau von Pflanzen, habe es noch weitere, weniger leicht benennbare Aufgaben: „Weißes Wasser, brechende Wellen, Wasserfälle, Kaskaden und Springbrunnen sollen negative Ionen freisetzen, die ‚die Luft reinigen' und zum Wohlbefinden des Menschen beitragen." In Fountains Abbey fiel Page auf: „Die Krankenstation wurde auf das Wehr eines Flusses gesetzt, der unter dem Gebäude hindurchfließt. Ein fließendes Gewässer hat Eigenschaften, derer man sich beim Vergleich z. B. eines Ententeichs auf einem Dorfplatz mit einem Sturzbach in einem engen Tal bewusst wird." Als jemand, der viel in Frankreich und Italien tätig war, kannte Page sich mit dem Gestaltungselement Wasser aus: Das Bächlein und die Teiche in La Mortella auf Ischia zeugen von seinem Talent, mit geringen Mitteln Schönes zu erschaffen.

Chatsworth House (S. 8–11) in den Derbyshire Dales genießt seit einem halben Jahrtausend die Vorzüge seiner Lage am Fluss Derwent. Seine ab dem späten 17. Jahrhundert erbauten hydrotechnischen Meisterwerke erzeugen

Stille Wasser sind tief – oder? Das „schwarze Wasser" von Westwell Manor in Oxfordshire, ein großer Teich an der Stelle eines früheren Tennisplatzes, wurde von der bekannten Gartengestalterin Anthea Gibson angelegt. Er ist nur 90 Zentimeter tief, wirkt aber wegen der schwarzen Farbe (die völlig ungiftig ist, Algenbewuchs verhindert und die Reflexionskraft verbessert) so tief wie der Marianengraben.

IM UHRZEIGERSINN Schöne Wasseranlagen: Ausdrucksstarke Figur am Fuß der Fontäne von Sezincote in Gloucestershire. Zu Dallam Tower in Cumbria gehört ein hübscher naturbelassener Garten mit einem Bächlein, an dem Japanische Etagenprimeln und Farne wachsen. Springbrunnen in einem strengen Rahmen aus Steinbecken und Buchs-„Boxen“ in dem von François Goffinet gestalteten Garten von Badminton House in Gloucestershire. Auf der glasklaren Oberfläche des kürzlich wiederhergestellten Cow Pond im Windsor Great Park in Berkshire blühen Seerosen.

einige der beeindruckendsten Wasserspiele Großbritanniens – bewegte wie stille. Zwecks Versorgung der schwerkraftgetriebenen Anlage mit ausreichend Wasser wurden auf dem Hügel oberhalb des Hauses drei Seen ausgehoben, deren kostbare Fracht über Kanäle und Rohre in die Gärten geleitet wird. Dabei zuzusehen, wie das Wasser von ganz oben Stufe für Stufe den Hügel hinabplätschert und dabei von Minute zu Minute mehr Kraft und Volumen gewinnt, ist ein spannendes Vorspiel zur geräuschvoll rauschenden Kaskade. Entworfen vom französischen Hydraulikingenieur Grillet, der schon für Ludwig XIV. raffinierte Wasserspiele geschaffen hatte, war die Kaskade 1696 nach zwei Jahren Bauzeit fertig.

Im selben Jahr beschrieb Celia Fiennes (1662–1741), eine der ersten Frauen, die große Teile Englands bereisten, als Vergnügungsreisen noch etwas völlig Neues waren, die formalen Gärten von Chatsworth ausführlich – die Wege, Skulpturen, verschiedenen Wasserspiele und auch den erst im Vorjahr installierten Willow Tree Fountain: „Plötzlich ergießt sich bei Öffnen einer Schleuse aus jedem Blatt und von den Zweigen ein Schauer; der Brunnen besteht aus Messing, und zu jedem Blatt führt ein Rohr, aber er sieht wie eine gewöhnliche Weide aus.“ Seit Fiennes damals auf einem Pferd darunter herritt, wurde er zweimal restauriert und durchnässt neugierige Besucher bis heute nach Art der *giochi d'acqua* der italienischen Renaissance – jener Wasserscherze, die ihre Besitzer vermutlich mehr amüsierten als die arglosen Besucher.

Der dortige Emperor Fountain in der Mitte des herrlichen, viel älteren Canal Pond entstand 1843/1844 in nur sechs Monaten. Dies, obwohl ein über drei Hektar großer See samt Zuflüssen zwecks Erhöhung des Wasserdrucks per Hand auf den umliegenden Hügeln ausgehoben werden musste. Die Fontäne kann zwar einen fantastischen rund 90 Meter hohen Wasserstrahl in die Luft werfen, wird heute aus Gründen der Wasserersparnis aber meist mit halber Kraft betrieben. Doch auch so ist sie noch eindrucksvoll genug.

Die drei in diesem Kapitel vorgestellten Gärten zelebrieren den Umgang mit Wasser in sehr unterschiedlicher, aber durchweg reizvoller Weise.

BLENHEIM PALACE

OXFORDSHIRE

Das Schloss liegt inmitten einer von Capability Brown angelegten Seenlandschaft, die im frühen 20. Jahrhundert um formale Wasserparterres ergänzt wurde

2016 beging England den 300. Geburtstag von Lancelot „Capability" Brown (1716–1783), dem berühmtesten und einflussreichsten britischen Gartengestalter. Sein fließender Landschaftsstil veränderte weite Teile des Landes und entfaltete mit der Mode Englischer Gärten auch international, insbesondere in Europa, Wirkung.

Heute, da Browns größtes Meisterwerk uns in voller Reife vor Augen steht, lässt sich sein Wirken besser würdigen denn je. Die Ursprünge des für John Churchill, den ersten Duke of Marlborough, angelegten riesigen Parks waren allerdings ganz andere. Queen Anne hatte das über 800 Hektar große Anwesen Woodstock (zuvor ein königlicher Wildpark) während ihrer kurzen Regierungszeit (1702–1707) Churchill in Anerkennung seiner steilen militärischen Karriere überlassen. So ging auch der neue Name des Anwesens auf dessen Sieg in der Schlacht von Blenheim 1704 zurück. Um ein Schloss samt Ländereien – ein „angenehmes Heim" für den Kriegshelden der Nation – zumindest teilzufinanzieren, wurde tief in die Staatskasse gegriffen.

Während John Vanbrugh die Aufgabe zufiel, auf der Kuppe eines kleinen Hügels einen prächtigen Palast zu bauen, ging der damals führende königliche Gartengestalter Henry Wise (1653–1738) daran, ringsum einen angemessen prachtvollen Garten anzulegen. Wise betrieb mit George London die berühmte Brompton Park Nursery. Die beiden waren nicht nur *das* Gestaltungsgespann ihrer Zeit, ihr Betrieb war auch der größte Pflanzenlieferant im Land.

In Blenheim erstreckte sich vor der Südfassade des Hauses eine gewellte Fläche, die als aufwendiger formaler Garten mit symmetrischen, komplizierten Parterres gestaltet wurde. Eine riesige Terrasse war von einer sechseckigen Mauer mit runden Bastionen an jeder Ecke umschlossen, von denen man auf weitere, im französischen Stil gestaltete Flächen blickte. Dort gab es Spazier- und Reitwege von insgesamt gut 800 Meter Länge in komplizierten geometrischen Mustern, die dichten Wald durchzogen wie Messer, die einen Kuchen in Stücke schneiden.

Die Anlage der formalen Gärten und deren Pflege hatten Unsummen verschlungen, aber einzig der Küchengarten sollte die nächsten 50 Jahre überdauern. Der vierte Duke war Mitte 20, als er 1763 Brown anwies, Wises Muster und Parterres zu beseitigen. Warum auch nicht? Sie gehörten in eine andere Epoche, eine andere Ästhetik und kamen auch wegen der unerschwinglichen Pflege nicht mehr infrage.

Browns Vorhaben (ebenfalls nicht gerade billig) ersetzte die formalen Bereiche durch eine weite Grasfläche. Um sie herum veränderte er die Konturen des Geländes so, dass große Baumgruppen schöne Ausblicke rahmten. Wo am Horizont Schutz oder Abschirmung erforderlich war, schmückten ihn Bäume mit ihren wogenden Kronen. Entscheidend für die gewünschte „englische" Wirkung

Der klassische Blick auf den großartigen von Capability Brown geschaffenen Landschaftspark von Blenheim Palace in Oxfordshire. An der höchsten Stelle thront Vanbrughs Palast. In den 1760ern beseitigte Brown den im frühen 18. Jahrhundert gestalteten formalen Garten. Dabei flutete er den Unterbau einer mächtigen Brücke, der er damit ihre Funktionalität zurückgab, denn sie überspannt seitdem eine breite Wasserfläche anstatt, wie einst, einen mickrigen Kanal.

LINKS, OBEN UND UNTEN Nacktszenerien: Die Wasserterrassen westlich des Schlosses legte der Franzose Achille Duchêne in den 1920ern an. Ihre vom Parterre d'eau in Versailles inspirierte theatralische Wirkung passt zur Pracht des Hauses.

RECHTS Blick auf die Westseite des Palasts. Davor liegen die formalen Wasserterrassen und die südliche Biegung des großen Sees. Zu Blenheims besonderen Schätzen gehören die alten Bäume der Parklandschaft (aus Browns Ära und älter).

war Browns Wahl der Arten, meist heimische Laubgehölze – Eiche, Ulme, Rotbuche, Ahorn, Esche –, die er in Gruppen oder einzeln setzte. Eine gefragte neue Art war die Libanonzeder, ein exotischer Nadelbaum, von dem hie und da mehrere Exemplare gepflanzt wurden, um das Auge auf bestimmte Blickpunkte zu lenken oder sie zu betonen.

Der geniale Landschaftsarchitekt formte das Gelände dergestalt um, dass die Seen näher aneinanderrückten, der Unterbau der Brücke geflutet und die Wasserfläche vergrößert wurden, was der Brücke Würde und Sinn verlieh. So schrieb Lord Cadogan von Caversham Park 1767 nach einem Besuch Blenheims an Brown: „Das Wasser ist das bei Weitem beste künstliche Element, das ich je gesehen habe; und das schließt die Ufer und die vorteilhafte Art ein, in der Sie es einsetzen …"

Brown übernahm in Blenheim noch viele weitere Aufgaben, darunter die Neugestaltung des Nordeingangs sowie den Bau von Ha-Has zum Fernhalten grasender Schafe, die Planung neuer Zufahrtswege und der eindrucksvollen Grand Cascade, deren Wasser über Felsen schäumt, sowie den Entwurf mehrerer kleiner Gebäude im Park.

Aber Landschaften verändern sich. So zeigte sich John Claudius Loudon, der führende Gartenbaukünstler seiner Zeit, im Sommer 1833 wenig beeindruckt von Blenheim: Er beurteilte den Zustand der Anlage als ruinös und kritisierte den fünften Duke als verschwenderisch. Unter Königin Viktoria dauerten die mageren Zeiten an. Doch dann holte Charles Spencer-Churchill (1871–1934), der neunte Duke und Gatte der amerikanischen Eisenbahnerbin Consuelo Vanderbilt, wieder etwas vom Geist des barocken Gartenarchitekten André Le Nôtre nach Blenheim zurück. Anfang des 20. Jahrhunderts ermöglichte Consuelos üppige Mitgift dem verarmten Herzog die dringend nötige Restaurierung von Haus und Park. Außerdem beauftragte er Achille Duchêne, einen gefragten französischen Gartengestalter der Belle Époque, nah am Haus formale Gärten zu gestalten.

Duchêne schuf im Osten direkt neben dem Gebäude ein symmetrisches Parterre im italienischen Stil. Dessen formale Beete mit Buchs-Schnörkelmustern umrahmen die Attraktion im Zentrum, ein Werk des begehrten Bildhauers und Erschaffers überladener Brunnenanlagen, Thomas Waldo Story. Ab 1925 widmete Duchêne sich der Anlage eines prächtigen Wasserparterres auf der Westseite, das sich über zwei große, stufenförmig zum Great Lake hinabführende Terrassen erstreckt – ein Vorhaben, das mehrere Jahre in Anspruch nahm.

Im Wesentlichen geht der Reiz des Ortes aber auf Brown zurück, und ein Großteil dessen, was er vor 250 Jahren schuf, existiert noch immer. Viele seiner Bäume sind nun alt und voller Charakter, und auch wenn Tausende zusätzliche Besucher jährlich nur der Harry-Potter-Zeder wegen kommen, werden sie so immerhin mit dem größten Werk des Meister-Gartengestalters bekannt.

STANBRIDGE MILL

DORSET

Im interessanten Garten einer alten Mühle in Dorset geht es um die gefährdete Flora und Fauna von Bächen

Englands Kreideflüsse und -bäche sind weltbekannt – nicht zuletzt als Fliegenfischgewässer in idyllischer Landschaft. Es gibt sie nur an den wenigen Stellen, wo Wasser beim Sickern durch Kalkgestein gefiltert wird und daher sauber, klar, aber mineralhaltig und das ganze Jahr über recht gleichmäßig temperiert ist.

Das sind gute Bedingungen für Wasserpflanzen und viele wirbellose Tiere. Fischarten wie Bachforelle, Groppe und Bachneunauge laichen gern in den kiesigen Flussbetten, mussten sich das frische Nass aber lange mit menschlichen Aktivitäten teilen. 85 Prozent der weltweit bekannten 200 Kreideflüsse liegen in Süd- und Ostengland. Sie sind diversen Gefährdungen ausgesetzt – früher durch Mühlen, heute vor allem durch ihre nicht nachhaltige Nutzung seitens der Wasserbetriebe und einsickernde Agrochemikalien. Diese überaus empfindlichen Habitate benötigen ständig Überwachung und Schutz, und zwar nicht nur die Gewässer selbst, sondern auch die umgebenden Niederungen und Feuchtwiesen.

1992 erwarb der australische Zeitungsmann James Fairfax (1933–2017) 22 Hektar Land zu beiden Ufern des Allen – ein wunderbarer Ort für sein englisches Landhaus. Dazu gehörte ein eigenes „Wasserwerk", Stanbridge Mill mit Zufluss, Abfluss, Mühlteich und angegliederten Kanälen, die zu Vorgängermühlen gehört hatten. Für die Renovierung der Mühle selbst engagierte er den Innenarchitekten John Stefanidis, für die Gestaltung eines neuen Gartens die Landschaftsarchitektin Arabella Lennox-Boyd. An dem Projekt arbeiteten beide gemeinsam mehrere Jahre, wobei Stefanidis auch einige kleine Gartengebäude designte.

Die von Lennox-Boyd entworfene Zufahrt führt in weitem Bogen durch eine Wildblumenwiese (auf der gelegentlich Dorset-Horn-Schafe weiden) auf eine Allee aus Schwarzer Walnuss *(Juglans nigra)*, gefolgt von Echter Walnuss *(Juglans regia)* – Arten, die auf Böden mit oftmals recht hohem Grundwasserspiegel gedeihen. Um die zur Mühle gehörigen Gebäude liegt ein gemäßigt formaler Garten, in dem es mehr um die spezifische Atmosphäre des Ortes als um intensive Bepflanzung geht. Die Südwestfassade des Gebäudes ist mit Blauregen berankt, unter dem der Mühlenkanal emporsprudelt, um dann zwischen den Blättervorhängen einer Trauerweide abzufließen. Hinter dem Haus blickt man von einer hübschen Terrasse auf einen Rasen mit einem Grashügel, der immer wieder die Neugierde von Gästen weckt. Handelt es sich um einen Grabhügel aus der Eisenzeit? Einen Bunker? Einen Ameisenhügel oder ein Eishaus?

Östlich des Hauses quert eine Abfolge gerader Hecken das ansteigende Gelände, beginnend mit Buchs, dann Eibe und Buche, die sich um eine Treppe gruppieren. Letztere führt auf einen offenen Rasen, den eine Doppelreihe Spalierlinden mit aufgeasteten Stämmen rahmt. Von diesem ummauerten Rechteck (einst ein Küchengarten) aus erhascht man einen Blick auf den umfriedeten Swimmingpool-Garten. Von ihm führt ein Weg unter mehreren rosen- und blauregenberankten Bogen entlang einer langen Sichtachse über

Eine Szenerie, die einen Monet unserer Tage zum Malen einer Gemäldeserie inspirieren könnte: Mühle und Mühlenkanal zwischen den Blättervorhängen einer Trauerweide. Zum üppigen Bewuchs des feuchten Bodens am Wasser gehören Funkien, Schaublätter und gelbe Sumpf-Schwertlilien.

LINKS Zwischen Fingerhüten und Rosen schlängelt sich ein Pfad zu einer Eichenbrücke über den Mühlenzufluss bis in die Flussauen.

einen Ha-Ha in die Landschaft. Die östlichste Umfriedung verbirgt einen bewirtschafteten Küchengarten mit Gewächshaus in der Mitte. Die Gärten bedecken eine Fläche von etwa vier Hektar. Die restlichen rund 18 Hektar sind als quasi privates Naturschutzgebiet der Erhaltung der Feuchtwiesen und Bäche gewidmet – eine Landschaftsgestaltung, die von Eleganz und Respekt zugleich geprägt ist. Wie der beliebte Entertainer Kenny Everett gern sagte: „Alles im *bestmöglichen* Geschmack!"

OBEN Die neu entstandenen gepflasterten Flächen rund ums Haus bestehen aus unterschiedlichen Materialien, häufig Backstein und Flint. Wiederholungen von Pflanzen wie Buchs, Katzenminze und Zierlauch haben einen beruhigenden Effekt.

LINKS Unter einer Trauerweide und neben den Blättern eines Mammutblatts lädt eine Bank zum Verweilen und Schauen ein – in alle Richtungen.

RECHTS OBEN Sich einfach treiben lassen – ein Anblick, der entspannend wirkt.

RECHTS Am hinteren Ende der Flussauen und dezent zwischen Weiden versteckt steht eine von John Stefanidis entworfene einfache strohgedeckte Laube.

WOOLBEDING HOUSE

WEST SUSSEX

Wasser in vielerlei Variation prägt diesen Ort: in Hausnähe als Pool, ansonsten als kleiner Fluss oder Teich, über den ein Flussgott wacht

In West Sussex schlängelt sich der Rother pittoresk und gemächlich von West nach Ost durch das wellige Ackerland und die fruchtbaren Weiden mehrerer großer Anwesen. Auf seinem mäandernden Weg formt (und entwässert) er auch das Areal, auf dem Woolbeding liegt, ein alter Weiler am Ende einer ruhigen Straße nahe der hübschen Stadt Midhurst.

Woolbeding House hatte viele Besitzer, aber als es Mitte der 1950er als Abgeltung von Erbschaftsschulden an den National Trust fiel, lag diesem vor allem an den landwirtschaftlichen Flächen. Das Haus hingegen wurde verpachtet. 1973 übernahm es Simon Sainsbury (1930–2006), Sammler, Philanthrop und Spross der berühmten Einzelhandelsdynastie, und ging mit seinem Lebensgefährten Stewart Grimshaw daran, das schöne georgianische Haus sorgfältig zu restaurieren und es mit einem Garten zu vervollständigen.

Ein erster Blick auf den Garten wird jedermann von der Straße aus gewährt: Die schnurgerade verlaufende Zufahrt vom schmiedeeisernen Tor zum Haus rahmen breite Grasstreifen sowie zwei wunderschöne gemischte Rabatten. Diesem Bereich westlich des Hauses widmeten sich Sainsbury und Grimshaw zuerst und ließen sich dabei vom gefragten Gestalter jener Jahre, dem anglophilen amerikanischen Landschaftsarchitekten Lanning Roper, beraten. Bekannt für seine Vorliebe für Pastellfarben, vor allem Weiß, Rosa und Grau, konzentrierte sich Roper auf die weißen Blüten und silbrigen Blätter, die englische Gärten im Mai und Juni verzaubern. Zugunsten einer Verlängerung der Blühsaison wurde Ropers Entwurf später vor allem um Variationen in Blau, Violett und Zitronengelb erweitert. Sommerflieder, Schmucklilien und verschiedene Salbeiarten, Riesen-Glockenblumen *(Campanula lactiflora)*, Goldrauten *(Solidago)*, Hebe, Fingerkräuter *(Potentilla)* und hohe zitronengelbe Malven tragen zum Bild sommerlicher Fülle bei. Schaut man mit dem Haus im Rücken die Zufahrt hinunter, stellt man fest, dass die Sichtachse sich über die Straße hinweg in einer prächtigen Eichen-und-Buchen-Allee aus dem 18. Jahrhundert fortsetzt.

Gleich südlich der Auffahrt lag früher ein teils mit hohen Mauern eingefriedeter Garten, der in mehrere, durch hohe Eibenhecken gegliederte rechteckige Sektionen aufgeteilt wurde. An der Westmauer gestaltete Roper einen formalen Kräutergarten mit Sonnenuhr, Buchs-Topiari und gepflasterten Wegen. Ringsum wogen duftende Kräuter und einjährige Blumen und locken heimische Wild- und Honigbienen. Einen anderen Bereich schmücken Beete, die in bestimmten Farben erblühen, begrenzt von kniehohen Buchshecken, sowie ein behauenes italienisches Brunnenbecken als Blickfang. In einem lang gezogenen rechteckigen Abteil wiederum errichtete der Architekt Philip Jebb einen Speise-Pavillon aus Backstein sowie eine Kombination aus Orangerie und Poolhaus, die auf das Schwimmbecken ausgerichtet ist. Ein Paar Urnenvasen und anderer Dekor erhöhen den formalen Reiz dieses umschlossenen Bereichs. Schlüssellochöffnungen in der

Tief eintauchen: Ein Wasserbecken am Publikumseingang des Gartens (den der National Trust jetzt für die Öffentlichkeit freigegeben hat) peppt mit leuchtenden Stauden und hellem Stein einen in der Regel schlichten Bereich auf.

Eibenhecke ermöglichen Blicke in die angrenzenden „Räume“. Eine weitere Sektion ist ganz auf einen (freilich nicht originalen) Neptunbrunnen mit Delfinen ausgerichtet. Der Küchengarten schließlich kommt als kleiner formaler Potager mit Obelisken daher, an denen über wechselnden Gemüse- und Salatsorten Bohnen und Erbsen ranken.

Wer den Garten jetzt, im zweiten Jahrzehnt des 21. Jahrhunderts, besucht, merkt, wie sehr er die Vorliebe englischer Landgärten des späten 20. Jahrhunderts für Formalität widerspiegelt. Dieses Revival griff auf die pflegeintensiven Gärten der Vorkriegszeit wie Hidcote oder Sissinghurst zurück, deren große Flächen in zahlreiche „Räume“ mit je spezifischem Charakter und spezifischer Bepflanzung unterteilt waren. Nach 30 Jahren der Vorliebe für Bodendecker, Gehölze und eine pflegeleichte Gestaltung entdeckte das Land in den letzten beiden Jahrzehnten des 20. Jahrhunderts seine Gartengeschichte wieder und lernte erneut Formalität und das Gärtnerhandwerk schätzen.

Neben den formalen Bereichen bietet der Garten noch viele weitere Überraschungen. Weite Rasenflächen und grasbewachsene Böschungen mit schönen Bäumen führen vom Haus zum Fluss hinunter. Im Frühling und Frühsommer sprießen im hohen Gras Frühblüher und Wildblumen. Ein Highlight sind die beiden riesigen Morgenländischen Platanen, deren unterste Äste eine weite Fläche überspannen und scheckige, knotige Schlangenlinien in den Wiesenkerbel malen.

Um die Jahrtausendwende begann das Gestaltungsgespann Julian und Isabel Bannerman mit der Anlage eines dramatischen Wassergartens im untersten Gartenbereich, am Ende eines durch Schafweiden führenden Wegs. Durch eine künstliche „gotische Ruine“ gelangt man zu mächtigen Felsen, Zierbauten und Wasserfällen. Ein Wassergott sitzt zwischen Farnen und stützt sich auf eine liegende Urne, aus der „Quellwasser“ herabplätschert. Anderswo erinnert eine Bauernhütte mit Strohdach, Kieselmosaikboden und geflochtenen Wänden an den pittoresken Stil des späten 18. Jahrhunderts. Ein weiteres, moderneres Wasserbecken haben die Bannermans kürzlich am öffentlichen Eingang zum Garten neben den alten Hofgebäuden gestaltet: Dort stehen mehrjährige tiefrot, violett und orange blühende Pflanzen um ein blaues Wasserbecken.

Ein letztes, unvergessliches Wasserspiel findet sich im Hauptgarten nahe am Haus. Als 2008 eine kränkelnde Libanonzeder geopfert werden musste, ließ Grimshaw den Brunnengestalter William Pye an derselben Stelle ein besonderes Werk zum Gedenken an den ehrwürdigen Baum schaffen: „Cedra“, ein großes, poliertes Stahlgefäß, geformt wie die in den 1960ern beliebten Sektschalen. Ist der Brunnen angestellt, plätschert gleichmäßig Wasser über den Rand und legt einen Schleier auf die glänzende Außenschicht. Außer Betrieb zeigt die reflektierende Fläche faszinierende verzerrte Spiegelbilder der Umgebung und setzt so diesen interessanten sich stets fortentwickelnden Garten in ein wieder neues Licht.

VORHERIGE DOPPELSEITE Simon Sainsbury und Stewart Grimshaw nahmen als Erstes die gerade Zufahrt in Angriff, die zu beidseitiger Bepflanzung einlud. Breite Grasstreifen begrenzen gemischte Rabatten, die lange Zeit im Jahr ansehnlich sind.

LINKS Mauern und Hecken schirmen in Arts-and-Crafts-Manier mehrere rechteckige Gartenbereiche ab. Einer beherbergt den Swimmingpool, den ein Paar klassizistischer Urnen aufwertet.

RECHTS, IM UHRZEIGERSINN Neugotische Laube oberhalb eines Wasserfalls. Wassergott mit elegantem Umhang aus Austernschalen. Hübsche Brücke im Chinoiserie-Stil am Beginn eines Rundwegs.

6 COTTAGE-GÄRTEN

Ursprünglich war der Cottage-Garten ein Ort des Nützlichen und Notwendigen. Einzelheiten über seine frühe Geschichte sind nur schwer auffindbar, immerhin enthalten aber mittelalterliche Texte wie Geoffrey Chaucers *Canterbury Tales* oder William Langlands *Piers Plowman* (beide aus den 1380er-Jahren) einige wichtige Informationen.

Damals war der Cottage-Garten eine eingefriedete Fläche mit Gemüse, Kräutern, wahrscheinlich etwas Vieh und vielleicht ein paar hübschen Blumen. Bei den Pflanzen handelte es sich weitgehend um heimische Heilpflanzen, aromatische Streukräuter, Obst und Gemüse. Über die im Tudor-England geschätzten Blumen geben uns dann Shakespeares Gedichte und Stücke aus der Ära Elisabeths I. mehr Aufschluss. Shakespeares Zeitgenosse John Gerard wiederum schrieb in seinem berühmten *Herball* von 1597 einiges (Zutreffende und Unzutreffende) über die allgemeinen und medizinischen Eigenschaften zahlreicher Pflanzen.

Details zum typischen Cottage-Garten einer Bäuerin liefert *A Hundred Good Points of Husbandry* (1557) von Thomas Tusser. In solchen Gärten gediehen essbare Kräuter und Salate, Obst und ein paar Schnittblumen. Eine große Rolle spielte das Konservieren der sommerlichen Ernte für die kargen Wintermonate.

In den letzten drei Jahrzehnten des 16. Jahrhunderts und im frühen 17. Jahrhundert wuchs die Bevölkerung. Zudem schritten damals die Landordnungsmaßnahmen *(enclosure acts)* voran mit schwerwiegenden Folgen für die einfachen Bauern: Vormals öffentlich zugängliche Parzellen, auf denen manch einer sich und seine Familie ernährt hatte, fielen nun an große Landbesitzer. Einige aufgeklärte Grundherren dachten immerhin daran, für ihre Angestellten Cottages zu bauen. Als im 18. Jahrhundert dann die formalen, geometrischen Gärten der englischen Herrenhäuser Landschaftsparks wichen, wurden Cottage-Gärten bisweilen zu Refugien für seltene Pflanzen, die in den neuen offenen Weidelandschaften und Baumgruppen keinen Platz mehr fanden. (Viele Blumen, die für die neumodischen Landschaftsparks als unpassend galten, fanden eine Nische versteckt in den ummauerten Küchengärten.)

Die englischen Cottages variieren im Stil von Gegend zu Gegend je nach Beschaffenheit der Böden und des Steinuntergrunds. Unverwüstlich sind Gebäude aus Backstein, Ziegelfachwerk bzw. Naturstein. Die meisten wurden jedoch aus weniger beständigen Materialien erbaut und existieren heute nicht

Bestimmte Merkmale kann man bei einem Cottage-Garten voraussetzen, ob einem echten oder nachgemachten. Dazu gehören auf jeden Fall eine rosenberankte Tür und ein entspanntes Kuddelmuddel heiterer Pflanzen. Hier gesellen sich Storchschnäbel zu Taglilie, Roter Spornblume und Heiligenkraut.

mehr. In Gebieten, in denen Kalkstein und Kreide die Böden bestimmen, finden sich in Cottage-Gärten oft Formschnittfiguren aus Buchs und Eibe – Pflanzen, die auf kalkhaltigen Böden natürlich vorkommen. Beide sind auch heute noch beliebt, wobei Buchs es aufgrund weitverbreiteter Krankheiten und neuerdings auch des invasiven Buchsbaumzünslers seit einer Weile schwer hat. Zum Glück lassen sich diese Probleme innerhalb eines Gartens inzwischen in den Griff bekommen – die nötige Wachsamkeit lohnt, denn mit den guten Eigenschaften von Buchs kann keine vergleichbare Pflanze mithalten.

Cottages waren Nutzbauten und wurden daher in der Regel an der Hauptstraße eines Ortes errichtet oder hatten ihre eigene Zufahrtsstraße, von der ein gerader Pfad direkt zur Eingangstür führte. Der zugehörige Garten war immer umschlossen (wurde aber unter Umständen vom Nachbar-Cottage mitgenutzt), ob von einem einfachen Zaun, einer Hecke oder einer Mauer. Unter seinen immergrünen Pflanzen sind oft Formschnittelemente, und vielfach verleihen Kletterpflanzen wie Geißblatt oder Rose den Haus- oder Garteneingängen Dekor und Duft. Unter den Blumen finden sich etliche alte Bekannte, oft Fingerhut, Malven, Primeln, Akeleien, Wiesenschaumkraut, Wicken und Ringelblumen *(Calendula officinalis)*, Tulpen, Goldlack und Rittersporn.

Zur Zeit der pittoresken Mode Mitte des 18. Jahrhunderts ließen sich Angehörige des hohen und niederen Adels zum Vergnügen rustikale Cottages errichten. Ein hübsches Exemplar ist das von Königin Charlotte in einem bewaldeten Bereich der Royal Botanic Gardens in Kew. Bei Spaziergängen durch den Park und seinen Hasenglöckchenwald ruhte sich die damals in Kew residierende königliche Familie gern in dem Ziegelfachwerkhaus mit dem urigen Strohdach aus. Viele weitere Zier-Cottages schmücken bis heute Parks in ganz England.

Im 19. Jahrhundert war ein – allerdings recht großes – „Cottage" auf dem Land für viele Familien der zunehmend wohlhabenden Mittelschicht das ideale Wochenend- und Feriendomizil. In Edward Morgan Forsters Roman *Wiedersehen in Howards End* (1910/1949 auf Deutsch) geht es um Menschen, die in irgendeiner Weise mit solch einem Haus in Verbindung stehen. Helen Allingham (1848–1926) wiederum malte reale Cottages und Vorgärten. Zwar waren deren Strohdächer oft zusammengefallen und vermutlich undicht, aber die bittere Pille wurde der schwer arbeitenden Bevölkerung dadurch versüßt, dass sich auf den Bildern entspannte, gesellige Bewohner samt ihren Kindern, Tauben, Gänsen usw. tummelten. Derartige Darstellungen hatten enormen Erfolg und verfestigten die irrtümliche Vorstellung eines ländlichen Idylls, frei von den Problemen des modernen Lebens.

1913, kurz vorm Ersten Weltkrieg, erschien bei *Country Life* ein Buch von Sir Lawrence Weaver, das sich mit Cottages und ihrem Design beschäftigte. Als 1926 die dritte Auflage herauskam, war das Cottage anscheinend bereits vollkommen in den Händen der städtischen Mittelschicht. Weaver stellte fest, dass der Krieg „das Interesse am Cottage nicht zum Erliegen gebracht, sondern eher verstärkt hat, bietet es doch Menschen, die einen ländlichen Rückzugsort suchen, trotz seiner geringen Größe und der relativ günstigen Kosten Urlaubsatmosphäre, vor allem dank der Garage und dem ziemlich großen Garten. Allerdings dürften viele solcher Projekte aufgrund der hohen Baukosten aufgegeben oder verändert worden sein." Das Buch enthält zahlreiche Vorschläge für den Bau kleiner kostengünstiger Cottages für das Personal und größerer mit schönen Gärten zur eigenen Nutzung. Ein Kapitel widmet sich Entwürfen für ein „Ferien-Cottage mit acht Zimmern" und enthält auch vortreffliche Pläne für die Umgebung des Hauses, zu dem ein Obst- und Küchengarten, ein Rasen-Tennisplatz, Rosen- und Blumengärten, ein Vorgarten, ein Bowling-Rasen und ein Laubengang gehören.

Ein Cottage-Garten kann jedoch auch unabhängig von einem Cottage existieren, ob es nun zwei oder acht Zimmer hat. Der englische Cottage-Gartenstil mit seiner lockeren Bepflanzung und informellen Gestaltung wird schon seit Langem auch von den Besitzern prächtigerer Häuser praktiziert. Die einflussreichsten Beispiele sind auf Sissinghurst Castle in Kent und Hidcote Manor in Gloucestershire zu besichtigen, beide im Besitz des National Trust. Deren ehemalige Eigentümer schufen auf etlichen Hektar großen Arealen innerhalb eines prächtigen architektonischen Rahmens vorbildliche umfriedete Cottage-Gärten.

Seit sich im letzten Viertel des 19. Jahrhunderts so bedeutende Fürsprecher wie William Robinson und Gertrude Jekyll für den englischen Cottage-Gartenstil starkgemacht haben, wird er bis heute bei vielen alten und neuen Häusern auf dem Land und in der Stadt angewandt. Die überbordende Fülle und Natürlichkeit scheinen unbeabsichtigt, doch tatsächlich erfordert die geschickte Kombination von Stauden, Kräutern, Obst, Gemüse, Sträuchern und vielleicht ein wenig Topiari einige Überlegung und Planung sowie natürlich die Bereitschaft zur regelmäßigen Pflege.

IM UHRZEIGERSINN Was Cottage-Gärten schmeichelt: Große Sterndolden *(Astrantia major)* 'Roma' auf South Wood Farm. Rosa Malven auf Upton Grey. Ein Gewirr aus Rosen und Hornveilchen und ein paar Gestreifte Binsenlilien *(Sisyrinchium striatum)* auf Shandy Hall. Gestreifte Tulpen 'Carnaval de Nice' auf Shepherd House in Inveresk.

LINKS In den ersten Jahren von *Country Life* ermunterte Gertrude Jekyll die Redaktion, auch die ehrliche Arbeit echter Cottage-Bewohner zu würdigen – vor allem, weil diese eine Vielzahl von Pflanzen bewahrten und vermehrten, die sonst vielleicht verloren gegangen wären.

RECHTS Dorfszenerien machte man gern mit sorgsam platzierten Bauersleuten pittoresker. Die fein gekleideten Menschen auf diesem Foto von 1910 dürften keine Bauern sein. Vielleicht stehen sie schon für das neue Ideal des Cottage als Rückzugsort vom Rauch und Dunst der Städte.

SOUTH WOOD FARM

DEVON

Der intensiv gepflegte Garten rund um das strohgedeckte Bauernhaus wirkt heiter und zwanglos

Gut versteckt zwischen Landsträßchen, steht der Garten von South Wood Farm in Devonshire zwar für die edle Variante des Cottage-Gartens, fügt sich mitsamt dem Bauernhaus aber nahtlos in seine ländliche Umgebung ein. Dieses dürfte mit seinen Fenstern mit gemauerten Mittelverstrebungen, dem Strohdach und den akkurat aufgereihten Schornsteinköpfen dem Landhaustraum vieler Menschen entsprechen. Das ursprüngliche Hallenhaus des späten 15. Jahrhunderts wurde hundert Jahre später vergrößert und Mitte des 17. Jahrhunderts mit einem hübschen Vorbau aufgewertet, um dann bis vor Kurzem weitgehend unverändert als einfaches Bauernhaus zu dienen; bis Anfang der 1990er-Jahre war es an Milchbauern verpachtet.

2005 erwarb sein heutiger Besitzer Clive Potter das Anwesen. Seitdem bringt er sich intensiv in die Anlage des Gartens ein, arbeitet gemeinsam mit seinem Gärtner Will Smithson an neuen Ideen für die Bepflanzung und Projekten zur Nutzung weiterer Flächen.

Potter, Spezialist für pflanzliche Biosicherheit und Baumgesundheit, beschloss frühzeitig, den Gartengestalter Arne Maynard mit dem Gesamtentwurf zu beauftragen. Dieser erinnert sich, dass es damals schon einen hübschen Garten gab, der allerdings die Front des Hauses nicht gut zur Geltung brachte. Dies wurde durch Verlegung des Autostellplatzes erreicht, der sich nun abseits des Hauses hinter einer schönen, alten Scheune befindet. Ein neuer gepflasterter Fußweg führt durch ein hübsches Holztor in den formalen Garten. Dieser akkurat gestaltete Bereich mit geraden Pfaden, glatten Rasenflächen, ein paar Formschnittbäumen

LINKS Das Tor in der Mauer des vorderen Gartenhofs ist außen von alten Spalier-Mostbirnen umrahmt. Im Frühling ist die Wiese voller Schachbrettblumen und Schlüsselblumen, im Sommer voller Margeriten.

RECHTS Hinter dem Tor erstreckt sich der Vorgarten mit seinen lavendelgesäumten Rasenflächen und dem zentralen Formschnitt-Lorbeerbaum. Obwohl nicht auf die Haustür ausgerichtet, hat dieser Bereich eine erdende und ausgleichende Wirkung.

und Eibenwürfeln bildet eine ausgewogene Komposition, in deren Zentrum ein Weg auf ein hübsches Tor in der Ostmauer zuläuft. Parallel dazu führt ein zweiter Weg zum seitlich versetzten Vorbau des Cottage. Die Bepflanzung der Randbeete ist in jeder Jahreszeit attraktiv und bewegt sich in der harmonischen Palette von Pink-, Flieder- und Violetttönen, die vor dem hellen graubraunen Stein wunderbar zur Geltung kommen.

Ein weiteres von Maynard entworfenes, handgearbeitetes Holztor ist in die Nordmauer eingelassen; von da führt ein gewundener Weg durch eine Wiese mit hübschen heimischen Wildblumen zum Obstgarten. Maynards eigene Beschreibung (in *The Gardens of Arne Maynard*) bringt den Grad der Könnerschaft auf den Punkt, dank derer dieser Garten so perfekt zum Haus passt: „Als Modell für die Gitterstäbe in den oberen Torhälften nutzten wir die Stäbe des Treppengeländers im Haus, sodass der Tischler, der das Haus gebaut hat, in den neuen Toren verewigt ist." Ebenso durchdacht erfolgte die Bepflanzung: „Ich stellte mir den Garten wie eine schöne Stickerei rund ums Haus vor, und zwar eine, die sich allmählich entfaltet und zur offenen Landschaft hin immer schlichter und bäuerlicher gerät."

Der Obstgarten nördlich des Hauses ist als Quadrat angelegt mit drei Reihen à drei Bäumen – Pflaume, Reineclaude und Zwetschge –, die jeweils in grünen Buchenwürfeln stehen. Von den Bänken aus eröffnen sich schöne Ausblicke aufs Haus. Eine alte Mauer trennt den Obst- vom Küchengarten, in dem Hochbeete aus Eiche für Effizienz und Schönheit gleichermaßen sorgen. Hier gibt es auch Zwergformen von Apfel- und Birnbäumen, niedrige Spalierformen, die die Ernte erleichtern und den Pflanzen in den formal gestalteten Beeten darunter nicht das ganze Licht wegnehmen. Und da es in diesem Garten nicht nur um Effizienz, sondern auch um Gestaltung geht, wurden vier winzige mit Mini-Buchshecken eingefasste Knotenbeete geschaffen, in denen je nach Jahreszeit andere einjährige Blumen wachsen.

Dieser Küchengarten ist der Beweis dafür, wie klug eine altmodische Herangehensweise sein kann. Smithson bewirtschaftet ihn nach biologischen Prinzipien – Fruchtwechsel, kein Umgraben, regelmäßiges Bedecken mit Stroh. Rankhilfen werden aus Haselsträuchern vom Grundstück hergestellt. Läuft man vom Küchengarten Richtung Süden zum Cottage, gelangt man zu einem kleinen Hof, der westlich des Hauses liegt und von Bäumen beschattet ist und den Kübel mit Farnen, Schmucklilien und weißen einjährigen Blumen beleben.

Hinter diesen formalen Bereichen des Gartens erstrecken sich zwanglose, die mit der umgebenden Landschaft verschmelzen: ein Haselwäldchen, ein großer Obstgarten mit alten regionalen Sorten und, jenseits der Zufahrt, ausgedehnte Wildblumenwiesen. Die bemerkenswerte Teamarbeit von Besitzer, Gärtner und Gestalter ist ein Lehrstück darüber, wie Raumverständnis, handwerkliches Können und Respekt gegenüber der Umwelt dazu führen, dass Harmonie und ein durchdachter Cottage-Gartenstil zum Tragen kommen.

LINKS Noch einmal der vordere Gartenhof: Links und rechts vom Tor blühen 'Félicité-Parmentier'-Rosen. In der Ecke ein mächtiger Eiben-Formschnittbusch.

RECHTS Mit Eiche eingefasste erhöhte Beete im Küchen-und-Schnittblumen-Garten mit einem Knotenbeet linker Hand. An den Rändern einiger Beete stehen platzsparende kniehohe Spalier-Apfelbäume.

LINKS Vom Obergeschoss des Hauses ist die formale Struktur des vorderen Gartenhofs gut zu erkennen. Rund um den Lorbeerbaum breitet sich der niedrigwüchsige Thymian *Thymus serpyllum* 'Magic Carpet' aus. Der Zierlauch blüht Ende Juni nicht mehr, trägt aber kugelförmige Fruchtstände von plastischer Schönheit. Jetzt leuchten weiße Fingerhüte und Rosen und bald auch der Lavendel.

RECHTS Dunkellila 'Masterpiece'-Lupinen sowie Zierlauch 'Mount Everest', 'Purple Sensation' und Iran-Lauch neben Wiesenraute und Rosen.

GREYHOUNDS

OXFORDSHIRE

Die Hanglage dieses Landgartens eröffnet wunderschöne Blicke auf üppig bepflanzte Beete

An der Südseite der Sheep Street in Burford reiht sich ein Haus ans andere. Dahinter versteckt ziehen sich dicht an dicht Gärten den Hang hinauf – lange, schmale Grundstücke mit sehr unregelmäßigen Grenzverläufen. Einer dieser Gärten hat lokalen Ruhm erlangt, weil er für einen Großteil des 20. Jahrhunderts die Redaktion der Zeitschrift *The Countryman* beherbergte, bis das Haus 1999 wieder zum privaten Wohnhaus wurde.

Als Rosemary Verey gebeten wurde, den Garten für die Ausgabe des *Countryman* im Frühjahr 1986 zu porträtieren, scheuchte sie die Leser als Erstes zum Obstgarten am Ende und zugleich höchsten Punkt des Gartens. Dort riet sie ihnen, sich umzudrehen und Richtung Norden über die Dächer und das Windrush Valley in die hügelige Landschaft zu schauen. „Der Blick ist atemberaubend, denn jeden Tag verändern sich das Licht, die Wolken, der Einfall der Sonnenstrahlen ein wenig … Der Kirchturm, die Steindächer der behaglichen Häuser, die fernen Felder und der weite Horizont lassen die Zeit stillstehen …"

Die herrlichen Blicke und die zeitlose Atmosphäre eines Cotswolds Cottage sind auch heute noch so wie zu Vereys Zeiten. Inzwischen gibt es aber mehr Pflanzen und eine größere Pflanzenvielfalt in Greyhounds, was der liebevollen Fürsorge und Expertise von Christopher Moore zu verdanken ist, der seine Zeit zwischen seiner Arbeit in Irland und seinem Cotswolds-Leben in Burford aufteilt.

Ursprünglich war das heute Greyhounds genannte Haus das Heim eines Wollhändlers, erbaut wohl im späten 15. Jahrhundert. Irgendwann wurde es zum Greyhounds Inn, einem Wirtshaus an einer Viehtreiberstraße, die Gloucester mit Oxford und London verband und auf der Schäfer ihre Herden zum Markt brachten. Immer noch Gasthof, bekam das alte Holzhaus 1805 eine Steinfassade. Die Anlage eines richtigen Gartens hinter dem Haus datiert Moore auf die Jahre ab 1908, als eine gewisse Elizabeth Percival, Schwester des Ortspfarrers, den Besitz für 700 Pfund erwarb.

Percival scheint den Garten durch den Zukauf angrenzender Flächen vergrößert zu haben. Sie begradigte das abschüssige Gelände, legte dort, wo vorher Pferdeställe gestanden hatten, Terrassen und niedrige Stützmauern an. Greyhounds blieb unter mehreren Eigentümern in Privatbesitz, bis 1946 für die nächsten 50 Jahre die Redaktion von *The Countryman* einzog. Damals stand der Garten jedem neugierigen Passanten offen, den es in den hohen, überwölbten Durchgang zog.

Seit 1999 restaurieren und möblieren Moore und sein Partner, der aus Burford stammende Antiquitätenhändler Michael Taubenheim, das Haus mit Sorgfalt und Geschmack und legen dabei dessen historische Schichten frei, ohne auf modernen Komfort zu verzichten. Und auch der Garten blüht und gedeiht – nicht zuletzt dank Moores Leidenschaft für etwas ganz anderes: die historischen Häuser und Gärten Irlands.

Der lange, schmale Garten von Greyhounds wird ab der Mitte breiter. Weil über die Jahrhunderte hie und da Cottages hinzugefügt wurden, haben viele Gärten der Stadt eigenartige Formen. Greyhounds war früher ein Wirtshaus. Dort, wo heute der Garten blüht und gedeiht, lagen damals die Pferdeställe.

An die Rückseite des Hauses grenzt eine sonnendurchflutete Terrasse, die vor hundert Jahren mit regionalem Stein gepflastert wurde und auf der heute bequeme Liegen und Eisenstühle stehen. Dazu sorgsam platzierte Terrakottatöpfe mit Formschnittbäumchen, Buchs und Lorbeer sowie perfekt ins Gesamtbild passenden Funkien. An drei der vier Mauern schmiegen sich eine riesige Immergrüne Magnolie, Echter Wein sowie ein alter Blauregen. Auch Sammlerstücke, wie alte Schilder und dekorative Schmiedearbeiten, haben hier ihren Platz gefunden.

Ein paar Stufen führen an einem winzigen Buchsparterre mit ausgewählten Farnen vorbei in den Garten. Und dann tritt man plötzlich aus dem zurückhaltenden Grün, das das Haus umkränzt, zur ersten einer ganzen Serie üppiger Rabatten, die im typischen Cottage-Gartenstil dicht besetzt sind mit Fundstücken, Ablegern, Tauschpflanzen, Sämlingen, aber auch mit all dem, was hier schon seit Jahrzehnten gedeiht, wie den wunderschönen Malven.

Von hier aus fällt der Blick auf ein kleines Cottage an der Grenze zum Nachbargarten. „Es war einst das Heim des Gärtners, der für beide Häuser tätig war", erklärt Moore. „Anfang der 1930er mieteten Duncan Grant und Vanessa Bell es anscheinend und benutzten es als Atelier." Im Sommer verschwindet das Häuschen fast unter einem großen Birnenspalier sowie Massen von Malven, Salbei, Wiesenraute, Mohn, stahlblauen Edeldisteln und der „wirklich wunderbaren", aber (in englischen Gärten) unerklärlicherweise vernachlässigten *Lactuca plumieri* – einem dekorativen Lattich mit hellblauen Blüten, die denen der Wegwarte ähneln.

Ein Steinpfad führt den gleichmäßig ansteigenden Hang hinauf. Er verläuft um einen alten Krocketrasen, entlang einem schmalen Beet an der Ostmauer und einem breiten nicht eingefassten Streifen üppig bepflanzter Rabatten im Westen.

Viele der Pflanzen stammen aus berühmten alten irischen Gärten, die heute nicht mehr ihren ursprünglichen Besitzern gehören: etwa Beech Park (wo David Shackleton in den Nachkriegsjahren in dem 0,8 Hektar großen ummauerten Garten seines Anwesens in Clonsilla rund 10 000 Pflanzenarten und -sorten anbaute) oder Primrose Hill, dem Dubliner Haus des Gartenexperten Robin Hall. Die Rose 'Lady Hillingdon', eine gelbe Kletterrose, und die „riesigen alten Knollen" der Alpenveilchen *(Cyclamen hederifolium)* stammen aus Woodville, dem inzwischen abgerissenen Haus von Eva und Letitia Hamilton, irischen Malerinnen des 20. Jahrhunderts.

An den Krocketrasen schließt sich ein kleiner Obstgarten an mit großen alten Apfelbäumen sowie einem mächtigen Walnuss- und einem Maulbeerbaum, die beide mit ziemlicher Sicherheit vor hundert Jahren von Elizabeth Percival gepflanzt wurden. Die Apfelbäume könnten sogar noch älter sein.

Auf dem oberen Rasen schließlich, von dem aus Rosemary Verey den Blick über die alten Steindächer von Burford schweifen ließ, sitzen die Rabatten dicht an den hohen Trockenmauern. Ganz oben, in der südwestlichen Ecke, befindet sich ein von Christopher Moore entworfenes elegantes Lesekabinett mit Kamin und georgianischen Möbeln, dessen Fenster den Blick auf den Garten, die Dächer des Dorfes und das sanft ansteigende Tal freigibt.

VORHERIGE DOPPELSEITE Blick vom fast höchsten Punkt des Gartens. Man sieht die malerischen schiefen Dächer der alten Häuser und dahinter das Windrush Valley. Buchs-Formschnittkissen und elegante Gartenbänke markieren die Ränder des Krocketrasens.

LINKS Eine der Rabatten mit Phlox, Storchschnabel, Wolfsmilch und dahinter formierte Eiben kurz vor dem Schnitt.

RECHTS Die Rabatten sind dicht bepflanzt mit Christopher Moores Pflanzen. Vor einer alten Spalierbirne an der Hauswand wuchert Riesen-Schleierkraut; Malven und Lilien blühen noch nicht, aber hinter violetten Glockenblumen lugt dottergelber Großer Alant hervor.

GWAENYNOG

DENBIGHSHIRE

Ein Ort, wie für Hasen gemacht: Die Kinderbuchautorin Beatrix Potter ließ eine ihrer Geschichten in diesem Garten spielen – er gehörte ihrem Onkel

Gwaenynog, inmitten einer sanften Hügellandschaft südwestlich von Denbigh in Nordwales gelegen, wurde im späten Mittelalter als Haus der bedeutenden Familie Myddelton erbaut. Die Familie gewann während der Tudorzeit in der Region an Macht und erwarb eine Reihe großer Anwesen. David Myddelton war Schatzmeister für Nordwales unter König Eduard IV. und König Richard III., und sein Sohn Roger soll Gwaenynog als Fachwerk-Hallenhaus im Tudorstil erbaut haben. Später im 16. Jahrhundert wurde es H-förmig erweitert, und Mitte des 18. Jahrhunderts ließ Oberst John Myddelton das Innere mit Rokokostuck, marmornen Kaminsimsen und weiteren Details verschönern, um prominente Gäste wie den namhaften Altertumsforscher und Reisenden Thomas Pennant oder den berühmten Gelehrten Samuel Johnson würdig empfangen zu können. Als um 1870 die Familie Burton Gwaenynog kaufte (die dort noch immer wohnt), nahm sie weitere Veränderungen vor. Die Gartenfassade wurde mit Stein verkleidet und neugotischer Dekor – in der viktorianischen Architektur der letzte Schrei – ergänzt.

All das ist von besonderem Interesse, weil Frederick Burton ein Onkel von Beatrix Potter war, die in Gwaenynog mehrere Urlaube verbrachte. Es ist bekannt, dass die beliebte Erfinderin von Peter Hase die Gärten des Anwesens als Hintergrundszenerie ihrer *Geschichte von den Flopsi-Häschen* verwendete – einige der in dem Kinderbuch illustrierten Ansichten existieren noch heute. So wurde z. B. der Schuppen im ummauerten Garten mit seinem neugotischen Fenster im Obergeschoss zum Haus von Herrn McGregor. Auch der Blick den buchsgesäumten Pfad hinunter und ein anderer über den großen Rasen sind heute noch weitgehend so, wie Potter sie einst zeichnete.

Beatrix Potter, die stets sehr an ihrer Umgebung interessiert war, führte Tagebuch – allerdings in Geheimschrift, um Neugierige abzuschrecken – und bemerkte darin die verschiedenen architektonischen Einflüsse, die im Haus Spuren hinterlassen hatten: „Sehr seltsam, auf den rückwärtigen Gebäuden steht das Datum 1571, die Vorderseite Fachwerk und die neuere Seite zum Garten aus Stein. Zwei große Zimmer, Speisezimmer und Musikzimmer von 1776, die neuesten. Oben alles immer auf und ab, uneben, niedrige Balken und lange Flure, ein paar schöne Kamine, ein Zimmer getäfelt." Besonders interessante Räume hielt sie in Zeichnungen fest, aber wie immer interessierten die Außenbereiche sie am meisten: „Der Garten ist sehr groß, zu zwei Dritteln von einer roten Backsteinmauer umgeben, viele Aprikosen und ein innerer Ring aus alten grauen Apfelbäumen an Holzspalieren. Er wirft sehr viel ab, ist aber nicht ganz aufgeräumt, ein ganz reizender Garten, wo leuchtend helle, alte Blumen inmitten der Johannisbeersträucher wachsen." Nach seinem Vorbild gestaltete sie ihren berühmten Hilltop-Garten im Lake District, als sie sich dort als erfolgreiche Autorin niederließ.

Fröhliches Durcheinander aus Fingerhut, Rittersporn, verschiedenfarbigen Lupinen und weißen bis hellrosa Sterndolden auf einem Schnittblumenbeet im ummauerten Garten. Da das Haus Beatrix Potters Onkel gehörte, war sie hier gelegentlich zu Besuch, und der Garten fand Eingang in ihre Geschichten.

LINKS Das Kohlbeet wäre wohl ein Lieblingstreff von Beatrix Potters frechen Häschen gewesen. Im ummauerten Garten spielt die 1909 bei Frederick Warne erstmals publizierte *Geschichte von den Flopsi-Häschen*.

RECHTS Blumen, die fürs Haus bestimmt sind, aber auch den ummauerten Garten schmücken, darunter Lupinen, Frauenmantel, Rote Spornblumen und dunkellila Glockenblumen.

RECHTS UNTEN Der Gartenschuppen von Gwaenynog mit seiner unverwechselbaren Silhouette und dem neugotischen Fenster war das Vorbild für das Haus von Herrn McGregor, dem Gartenbesitzer, der die Flopsi-Häschen allzu gerne loswerden möchte.

Eine weitere Beschreibung des Gartens findet sich in *Llewellyn's Well*, einem späteren, unvollendeten Buch Potters: „Im Sommer gab es weiße und rosarote Rosen und den Duft von Thymian und Moschus. Im Frühling grüne Stachelbeeren und Singdrosseln und Blumen, die sie ‚Ceninen' nennen [Narzissen]. Und Lauch und Kohl wuchsen auch in dem Garten … und zwischen langen, geraden Graswegen und Apfelspalieren gab es Beete mit Erdbeeren, Minze und Salbei. Und große Ilexbäume und ein Haselnussgebüsch. Es war ein riesengroßer Garten."

Im 20. Jahrhundert musste ein Großteil der Bepflanzung Ponykoppeln und anderen pflegeleichten Weideflächen weichen. Die Mauern, der Schuppen und ein paar alte Apfelbäume aber blieben erhalten, und seit den 1980ern wird der Garten nach alten Familienfotos und natürlich Potters Zeichnungen und Gemälden umfassend restauriert. Die altmodischen Pflanzen, die es jetzt wieder gibt, vervollständigen das Bild eines alten ummauerten Gartens – fast wie die Künstlerin ihn kannte.

OBEN LINKS Zeichnung von Beatrix Potter nach Skizzen, die sie im ummauerten Garten von Gwaenynog anfertigte. Hier beobachten die Flopsi-Häschen von Weitem, wie Herr McGregor sein Haus betritt (das echte Haus ist auf S. 143 unten zu sehen).

OBEN MITTE Eingang zum aus Stein erbauten Gartenschuppen in Gwaenynog, dem Heim von Herrn McGregor in der *Geschichte von den Flopsi-Häschen*.

OBEN RECHTS Stützgerüste für Spalierobst und Kletterpflanzen im ummauerten Garten auf einer Skizze von Beatrix Potter. Man beachte die traditionellen buchsgesäumten Beete zu beiden Seiten des Wegs, auf dem die Flopsi-Häschen heimwärts hoppeln.

RECHTS Wandschmuck im Schuppen: eine jüngere Zeichnung (nicht von Potter), die sich auf die Illustration oben links bezieht.

RECHTE SEITE Zwischen Frauenmantelblättern und -blüten lugt ein Kaninchen aus Metall hervor.

7 PFLANZENSAMMLUNGEN UND -SAMMLER

Die Schauspielerin Elizabeth Taylor sammelte bekanntlich Diamanten. Eine andere Elizabeth, die Tudorkönigin, liebte Perlen. Elvis Presley sammelte Jeanne-d'Arc-Statuen, und zahllose Leute sammeln Elvis-Statuen. Hätte ich genug Platz und wäre gewinnsüchtig, würde ich zwar keine Ferraris, aber Fiat 500 sammeln – moderne, weil es sie in so vielen hübschen Farben gibt. Psychologen meinen, dass Sammler Glück empfinden, wenn sie auf die Jagd nach neuen Gegenständen gehen, um sie ihrer Sammlung einzuverleiben, wobei sie von psychischen Impulsen gesteuert werden, die ein primitives Lustzentrum im Gehirn stimulieren (den Nucleus accumbens, wenn Sie's genau wissen wollen).

Die meisten sammeln zwar unbelebte Objekte, aber aus lebenden Pflanzen bestehende botanische Sammlungen gab es schon in der frühesten Geschichte, von den Sumerern und Ägyptern bis zu den alten Griechen und Chinesen. Sie wurden eher aus Notwendigkeit denn zum Vergnügen angelegt und dienten medizinischen, rituellen oder magischen Zwecken. In China zog man schon um 1500 v. Chr. Chrysanthemen als Kulturpflanze, aber die Tradition, Varietäten zu züchten, nahm erst im 4. Jahrhundert n. Chr. ihren Anfang. Dann kamen Baumpäonien und Pfingstrosen, Aprikosen, Malven und Seerosen, später Kamelien.

Verfügte ich über ausreichend hügeliges Land mit leicht saurer Erde, wäre ich versucht, mich wie die Chinesen den Kamelien zu verschreiben. Gar kein Land benötigt man für den Liebling der heutigen Sammler: *Galanthus* (Schneeglöckchen). Diese kleine Zwiebelpflanze entwickelte sich innerhalb von gut hundert Jahren in aller Stille zum Kultobjekt, bis sie Stoff für die nationalen Nachrichten wurde: Im Februar 2012 wurde eine einzige Zwiebel *Galanthus woronowii* 'Elizabeth Harrison' mit ihrer unverwechselbaren gelben Zeichnung auf eBay für 725 Pfund verkauft. Das Samen-Versandhandelsunternehmen Thompson & Morgan in Suffolk hatte mehr als 30 Online-Bieter ausgestochen. (Ein Rekord, der inzwischen gebrochen wurde: 2015 erzielte eine einzige Zwiebel der vom Gärtner Joe Sharman über zehn Jahre gezüchteten Sorte 'Golden Fleece' 1390 Pfund.)

Dass so viele Leute verrückt sind nach Schneeglöckchen, ist leicht nachzuvollziehen. Einzeln sind sie sehr klein, sodass jeder, der auch nur ein winziges Gärtchen sein Eigen nennt, eine stattliche Sammlung von Töpfchen mit den

Sammellust: Zu den Pflanzen, die bei vielen Gärtnern Sammlerinstinkte wecken, gehören Schneeglöckchen. Sie haben den Vorteil, klein zu sein, sodass sie leicht unterzubringen sind. Bei dieser schönen Sorte mit den gefüllten Blüten handelt es sich um *Galanthus* 'Hippolytha'.

RECHTE SEITE Mini-Preziosen: Schneeglöckchen sind so attraktiv, weil sie so klein sind und es dennoch so viele Sorten gibt.

OBEN LINKS Weil seine Zeichnungen an eine mürrische Miene erinnern, wurde dieses Schneeglöckchen *Galanthus elwesii* 'Grumpy' getauft.

OBEN RECHTS Wegen ihrer langen äußeren Blütenhüllblätter heißt diese *Galanthus-nivalis*-Sorte 'Walrus' („Walross").

UNTEN LINKS Ein schönes Schätzchen: *Galanthus plicatus* 'Tomoko'.

UNTEN RECHTS Völlig verrückt sind die Leute nach den gelben Fruchtknoten und Markierungen an den inneren Blütenblättern von *Galanthus* 'Primrose Warburg'.

Zwiebeln anlegen kann, von denen jede ein klein bisschen anders als die anderen und für den Galanthophilen begehrenswert ist. Er kann sich mit geringen Ausgaben auf die gewöhnlicheren Sorten konzentrieren oder viel Geld für die seltenen ausgeben. Schneeglöckchenliebhaberei ist ein geselliges Hobby, das Lunch-, Gala- und Tee-Veranstaltungen einschließt – allerdings im Januar und Februar, den kältesten und dunkelsten Monaten im Jahr. Es ist besonders in den Cotswolds verbreitet (wo viele Gegenden perfekte Bedingungen bieten), aber auch in Schottland – beides Regionen mit einer langen Geschichte des Sammelns. Doch es gibt auch anderswo herrliche *Galanthus*-Gärten.

Man findet zwar riesige Schneeglöckchenteppiche in vielen Wäldern mit schwerem, feuchtem Boden, aber die Ursprünge der Gattung *Galanthus* liegen in Süd- und Osteuropa, Kleinasien und der Levante. Das sich selbst ausbreitende Gewöhnliche Schneeglöckchen gelangte laut dem Botaniker Mark Griffiths auf geheimnisvollen Wegen nach England: „Vielleicht in der Frührenaissance. Im 17. Jahrhundert, als John Gerard probehalber den Vulgärnamen vermerkte, den wir heute noch benutzen, bürgerte es sich bereits ein. In den folgenden fast 200 Jahren krähte kein Hahn danach. Um 1900 jedoch, als man im Empire alles Exotische schätzte und hätte erwarten können, dass seine bescheidene Einfarbigkeit keine Chance gehabt hätte, verliebten wir uns darein."

Die Begeisterung für Schneeglöckchen reichte allerdings nie ans verwandte Tulpenfieber heran, jenen Spekulationshandel mit Blumenzwiebeln im Holland des 17. Jahrhunderts, durch den die einen Vermögen erwarben und andere verloren. Tulpen waren die ersten „Floristenblumen", deren Züchtung strengen Vorschriften hinsichtlich Größe, Form und Farbe unterworfen wurde, im späten 18. Jahrhundert gefolgt von Aurikel und Gartenprimel, Gartennelke, Federnelke, Hyazinthe, Anemone und Ranunkel, die Kunstgärtner zogen, um bei Schauen Preise abzuräumen.

Die folgenden Gartenporträts enthalten weitere Geschichten über die englische Obsession für Pflanzen. Unnötig zu sagen, dass das Thema Pflanzensammeln früher und heute so unüberschaubar ist, dass es schon für sich Bände füllen würde. Und wird das bemerkenswerte 'Elizabeth-Harrison'-Schneeglöckchen, das Thompson & Morgan 2012 auf so spektakuläre Weise erwarb, denn nun bald im Handel sein? Unglücklicherweise ward es, zwecks „Aufstockung" – sprich Vermehrung – nach Holland geschickt, nie wieder gesehen.

LEONARDSLEE

WEST SUSSEX

Im Frühling ein überwältigender Anblick: die Rhododendren und Azaleen, die in den letzten 200 Jahren auf Leonardslee gesammelt wurden

Saint Leonard's Forest in Sussex ist einer von Englands uralten Wäldern. Weil sein saurer Boden eine landwirtschaftliche Nutzung ausschloss, ließ man ihn im Mittelalter, als andere größere Flächen zugunsten von Feldern gerodet wurden, in Ruhe. Seine mächtigen Bäume wurden erst im 16. und 17. Jahrhundert gefällt, als sich große Teile der Fläche zügig in Industrielandschaft verwandelten. Das Gebiet wurde zum Zentrum der Eisenverhüttung für die Produktion von Kanonen für koloniale und überseeische Feldzüge. In den letzten Jahrhunderten sind die Wälder zwar nachgewachsen, die Gegend ist aber noch immer mit Überbleibseln ihrer industriellen Vergangenheit übersät, vor allem mit „Hammerteichen", deren Wasser einst die Blasebälge der Schmelzöfen und die Hämmer antrieb, die das erzhaltige Gestein zertrümmerten.

Dieses industrielle Erbe wird in Leonardslee, einem stillen, 81 Hektar großen, weitgehend an den Hängen eines Tals angelegten Garten, spektakulär in Szene gesetzt. Das Areal wurde im ganzen 19. und in den ersten Jahrzehnten des 20. Jahrhunderts bepflanzt, als Schiffsladungen aufregender neuer Pflanzen aus entlegenen Ländern eintrafen. In seinen Hammerteichen spiegeln sich heute 200 Jahre alte Wäldchen mit exotischen Bäumen und Flächen voll herrlicher Frühlingsblüher.

In seiner Frühzeit waren mehrere Eigentümer in Folge im Garten tätig. 1803 verkaufte die Familie Aldridge, der ein Großteil des Saint Leonard's Forest gehörte, über 400 Hektar davon an einen gewissen Charles George Beauclerk. Letzterer errichtete auf der Kuppe des Hügels ein Haus mit ummauertem Küchengarten – ein wunderbarer Ort für solch ein Vorhaben. Denn von dort oben eröffnen sich herrliche Ausblicke ins Tal bis zu den Hügeln der South Downs. Beauclerk kaufte weitere Ländereien hinzu und begann, im Tal hübsche Bäume und Sträucher zu pflanzen und einen Amerikanischen Garten zu schaffen, damals etwas ganz Neues, in dem Magnolien, Rhododendren, Azaleen und andere blühende Büsche „von großer Höhe, Wuchsfreudigkeit und Schönheit" gediehen.

1852 stand das Anwesen erneut zum Verkauf und wurde von dem Grundbesitzer und Geschäftsmann W. Egerton Hubbard erworben, der das bestehende Gebäude abriss und durch ein prächtigeres Herrenhaus im italienischen Stil ersetzte. Er gab dem Besitz den Namen Leonardslee („Leonards Tal") und behielt bei den Gärten den hohen Standard bei.

Auf dem nahen High Beeches bei Handcross legte Robert Loder, der mehrere große Anwesen auch außerhalb Großbritanniens besaß, einen ähnlichen Garten an. Loder wurde später Lordleutnant von Sussex und in den Stand eines Baronet erhoben, was ihm den erblichen Titel „Sir" einbrachte. Die Loders und die Hubbards kannten einander aufgrund geschäftlicher und gesellschaftlicher Verbindungen höchstwahrscheinlich bereits. Dann heiratete 1878 Robert Loders

In diesem Rhododendronwald an den Hängen eines Tals führen viele kleine Wege auf und ab und kreuz und quer. Die besten Monate, um die Gehölze in Blüte zu erleben, sind April, Mai und Juni, doch die Wege und Teiche sind immer schön, und der Herbst lockt mit seinen lebhaften Laubfarben.

VORHERIGE DOPPELSEITE Bildergalerie aus dem außergewöhnlichen Garten von Leonardslee.

LINKS Waldweg zwischen Hasenglöckchen.

MITTE Leuchtend bunte Azaleen im Rock Garden.

RECHTS OBEN Einer der in Leonardslee gezüchteten herrlichen 'Loderi'-Rhododendron-Hybriden.

RECHTS UNTEN Am Ende dieses schönen Wegabschnitts leuchtet der hellrosa Rhododendron 'Loderi Venus'.

ältester Sohn Edmund (1849–1920) Marion Hubbard von Leonardslee (und dessen jüngerer Bruder Gerald kaufte später das benachbarte Anwesen Wakehurst Place). Dies war der Ursprung einer weitverzweigten Dynastie von Pflanzensammlern und -tauschern und zweifellos einer gewissen Rivalität zwischen den drei großartigen Waldgärten, die Angehörige dieser Familien an den Sandsteinhängen von Zentral-Sussex schufen.

Leonardslee war in seiner Glanzzeit berühmt für die Sammlungen von Kamelien, Rhododendren, Alpenpflanzen, Bambus u. a., die unter Kennern hohes Ansehen genossen. Es gab aber auch weitläufige Obstgärten mit 120 Apfel- und Birnensorten sowie 100 Nelkenvarietäten unter Glas.

Leonardslee blieb das ganze 20. Jahrhundert über im Besitz der Familie Loder, die in den mageren Zeiten nach dem Ersten Weltkrieg allerdings über 350 Hektar Land verkaufte. Viele Jahre war es zu besichtigen, bis es 2010 an einen Käufer aus Übersee ging und seither geschlossen ist.

Derzeit erlebt der Garten jedoch spannende Zeiten: 2017 erwarb die in Südafrika ansässige Unternehmerin Penny Streeter das inzwischen nur noch 80 Hektar große Anwesen und investiert nun großzügig in eine zügige und weitsichtige Wiederherstellung der vernachlässigten Gärten. Verschlammte Teiche werden ausgebaggert, zugewucherte Lichtungen und Pfade freigelegt und modernste Besuchereinrichtungen geschaffen. Die kahle Hügelkuppe ziert neuerdings ein junger Weinberg. Das Ganze ist ein Familienunternehmen unter Führung von Streeters dynamischem Sohn Adam.

So war und ist Leonardslee wieder ein Ort, der im Frühjahr, seiner besten Jahreszeit, eine Reise wert ist. Am Frühlingsanfang dominieren die hohen Magnolien und die riesige Kameliensammlung. Im späteren Frühjahr locken vor allem die ausgewählten Rhododendren und bunten Azaleen. Letztere blühen gleichzeitig mit einer vor Ort gezüchteten Reihe von 'Loderi'-Rhododendron-Hybriden – hohen Sträuchern mit schweren Doldentrauben aus riesigen weißen Blüten, die die gewundenen Talwege mit ihrem süßen Duft erfüllen. Zwar haben auch andere Monate ihre Highlights, aber die schönste Zeit, sich auf den Wald- und Seeuferwegen zu verlieren, ist der Mai. Im Sommer sind das Tal und die hübschen schattigen Pfade in sanftes Grün gehüllt, und im Herbst wird das Gelände dank den vielen Arten, deren Herbstfärbung sich in den Seen spiegelt, wieder bunter.

Country Life porträtierte den Garten 1897 in einer der ersten Ausgaben. Im damaligen Artikel ging es in erster Linie um seine exotischen Tiere. „In diesem Paradies … laufen die neuen Tiere, die nun in diesem alten Land leben, frei herum", schrieb der Autor. „Alle sind interessant und schön … und vermehren sich regelmäßig, sodass ein Großteil des Bestands im Park geboren wurde und aufwuchs." Zu Sir Edmund Loders privatem Freilandzoo gehörten Wallabys, Biber, Mufflons, Emus, Große Maras, Antilopen, Axishirsche, Kropfgazellen, Buschhühner, Barasingha-Hirsche, Wasserschweine, Kängurus und Kookaburras. Übrig geblieben sind nur die Nachkommen der Wallabys.

Jüngeren Datums ist eine Attraktion, die Robin Loder 1998 einführte: das faszinierende Modell eines Landhausgartens im Maßstab eins zu zwölf, entworfen von der Modellbauerin Helen Holland und jährlich ergänzt. Inzwischen füllt die Miniaturwelt eine ganze Scheune und zeigt einen winzigen Landbesitz samt Marktflecken mit Läden aller Art, vom Fleischer bis zum Kurzwarenhändler, der maschinell zum Leben erweckt wird. „Ein Ort, den man besichtigen kann, wenn es regnet", meinte Loder einmal. Nun, der Garten ist immer einladend und faszinierend, ob es regnet oder schneit.

RECHTE SEITE Frühlingswunder: Diese Detailaufnahmen sind entstanden, bevor die in Südafrika ansässige Unternehmerin Penny Streeter Leonardslee 2017 erwarb. Sie hat eine Menge Geld investiert, um das Anwesen wieder herzurichten und es inklusive seiner fantastischen Farbenpracht (die den Ort vor allem von April bis Juni verzaubert) wieder ins Bewusstsein der Öffentlichkeit zu bringen.

BRAMDEAN HOUSE

HAMPSHIRE

Berühmt für seine Spiegelrabatte mit ausgewählten Stauden, zeugt dieser Garten auch von einer Sammelleidenschaft für Wicken und Guernseylilien

Bramdean, in einem flachen Tal der westlichen South Downs gelegen, ist ein altes Dorf mit einer normannischen Kirche und hübschen Häusern, die sich wie Perlen an der ziemlich verkehrsreichen Straße zwischen Winchester und Petersfield aufreihen. Die sanften Kreidehügel ringsum sind mit einem Flickenteppich aus Feldern bedeckt, und in der Nähe entspringt der Itchen, ein berühmter Forellenbach. Viele lieben diese scheinbar zeitlose und unverfälschte Region mit ihren hohen Bäumen und ihrem regional verwurzelten Baustil. Doch dieses Erscheinungsbild konnte nur dank enormen lokalen Anstrengungen erhalten bleiben, die sich dem mannigfachen Druck der Moderne entgegenstellen.

Bramdean House, um 1740 aus sanft rosa Backstein erbaut, steht zwar nah an der Landstraße, ist aber durch eine Hecke aus wolkig geschnittenen Buchsbäumen und Eiben abgeschirmt und daher leicht zu verfehlen. Linst man durch das schöne hohe schmiedeeiserne Tor, stellt man fest, dass das georgianische Haus genauso attraktiv und altehrwürdig ist wie seine Umgebung. Das gilt auch für den Garten hinter dem Haus mit seinen strengen Linien, der sich in nordöstlicher Richtung zielsicher einen Hang hinaufzieht. Der Blumengarten liegt hinter mächtigen Laubbäumen und hohen alten, quadratische Bereiche umschließenden Mauern und zeichnet sich durch berauschende Farben und Düfte aus, die der sorgfältigen Pflege und beeindruckenden Expertise der aktuellen Besitzer Hady und Victoria Wakefield zu verdanken sind.

Victoria Wakefield führt ihre Gartenbesucher gern von der Haustür direkt zur Rückseite des Gebäudes mit dem Effekt, dass diese fast in zwei große Staudenrabatten stolpern, die einander Pflanze für Pflanze, allesamt mit Bedacht gewählt, exakt spiegelbildlich entsprechen. Pflanzen bezüglich ihrer Höhe und Farbe harmonisch zu kombinieren ist viel weniger einfach, als es aussieht, und gelingt Victoria und ihrem Chefgärtner nur mit harter Arbeit. Zu Beginn jedes Jahres nehmen sich beide je eine Rabatte vor und teilen sie mit Schnur in drei Meter breite Bereiche ein. Dann vergleichen sie per Zuruf über den mittigen Grasweg hinweg ihre Notizen darüber, welche Pflanzen erfolgreich waren und welche nicht, welche umgesetzt oder gegen etwas Neues oder weniger Heikles ausgetauscht werden sollten. So bleiben die „Spiegelbilder" intakt, wenn auch ihre Bepflanzung jedes Jahr erneuert wird.

Nach den herrlich frischen Wolfsmilch- und Zwiebelgewächsen im Frühling zeigen die Rabatten sich im Frühsommer vorrangig in Blau- und Gelbtönen mit Einsprengseln von grellem Magenta (durch Storchschnabel, *Geranium psilostemon*), rosa und weißen Diptam (*Dictamnus albus* var. *albiflorus*) sowie besonderen Staudenklematis und an Haselruten rankenden Duftwicken. Mit kräftigem Blau punkten die hohen Rittersporne, mit sanfteren Tönen die niedrige Katzenminze, die es in mehreren Sorten gibt. Deren schönste ist die hier gezüchtete

LINKS Die wunderbare Sammlung klassischer Staudenrabattenpflanzen von Bramdean House, traditionell präsentiert. Dahinter stecken eine Expertise und eine Akkuratesse, wie es sie heute wohl kein zweites Mal gibt. Die Rabatten werden aufwendig vermessen und spiegelbildlich bepflanzt. Der hier aufgenommene Blick auf die Rabatten von oben, vom Küchengarten aus, lässt den Eindruck entstehen, dass sie sich zum schönen georgianischen Haus hin dekorativ entrollen.

FOLGENDE DOPPELSEITE Blick in die entgegengesetzte Richtung: vom Haus auf den ummauerten Küchengarten und seine Wicken- und Guernseylilien-Kollektion.

Nepeta 'Bramdean', eine kerzengerade Variante mit dunklen Stielen. Weiterhin kommt Violett ins Spiel, wenn *Salvia* 'Mainacht' und *Clematis* × *diversifolia* 'Hendersonii' blühen. Die Gelbtöne reichen vom hellen Zitronengelb der Wiesenraute *Thalictrum flavum* ssp. *glaucum* (die wie das duftige *Thalictrum* 'Elin' in regelmäßigen Abständen in den Beeten vorkommt) bis zu schwefelgelber Schafgarbe und dottergelbem Alant. Untypischerweise liegen die Rabatten nicht im Schutz von Mauern oder hohen Hecken und halten den starken Westwinden hauptsächlich dadurch stand, dass etliche Pflanzen an Stütz- und Bohnenstangen befestigt sind.

Ein Rasen westlich der Rabatten ist von einem Beet mit ausgewählten Gehölzen und Stauden eingefasst, und auf dem größeren Rasen gegenüber, in viktorianischer Zeit ein „Ladies Walk", wird heute Krocket gespielt.

Die treibende Kraft im Garten ist Victoria Wakefield, früher Kuratorin der Royal Botanic Gardens in Kew, langjähriges Jurymitglied in Pflanzenkomitees der RHS – und „überaus zupackend". Zwei kundige Vollzeitgärtner unterstützen sie. Ihre Eltern kauften Bramdean House 1944 und bezogen es am Ende des Zweiten Weltkriegs. So wuchs Victoria auf dem Anwesen auf und verbrachte dort fast ihr ganzes Leben, was zweifellos zu seiner Atmosphäre der Kontinuität beiträgt. Ihre Mutter hatte den Garten innerhalb der alten Mauern erneuert und Victoria fertig gestaltet überlassen, sodass diese sich auf Details der Bepflanzung konzentrieren konnte. Daher gibt es auf Bramdean mehrere umfangreiche Sammlungen, besonders von Arten und Sorten der Guerseylilien aus Südafrika, altmodischen Gartennelken sowie von Victorias Lieblingen, den Duftwicken.

LINKS Die Rabatten im Frühsommer aus der Nähe: Vorherrschend sind Blau- und Gelbtöne mit Einsprengseln von lebhafterem Magenta sowie Rosa und Weiß. Kräftiges Blau steuern die hohen Rittersporne, sanfteres die niedrige Katzenminze bei. Außerdem blühen Wiesenrauten, die flachen Korbblüten der Schafgarbe und Alant in unterschiedlichen Gelbtönen. Magentafarbener Storchschnabel und rosa und weißer Diptam sorgen für eine farbige Belebung des Bildes.

RECHTS OBEN *Clematis* × *durandii* macht sich gut in Rabatten. Diese Staudenklematis braucht zwar eine Stütze, wird aber nur maximal 90 bis 180 Zentimeter hoch.

RECHTS Die mächtige wolkenartige Hecke ist sehr alt und schirmt das Haus gegen die Straße ab. Ein solches Ensemble braucht viel Zeit zum Wachsen, aber etwas Ähnliches (natürlich viel Kleineres) lässt sich in fünf bis zehn Jahren bewerkstelligen: Man pflanzt einfach eine Hecke aus unterschiedlich großen Pflanzen und beschneidet sie sorgfältig, aber nicht zu gleichförmig.

8 IM ÜBERBLICK: GEWÄCHSHÄUSER

Es mag überraschend klingen, doch in englischen Landgärten ist ein Gewächshaus im viktorianischen Stil bis heute das bevorzugte Modell, obwohl im Laufe des 20. Jahrhunderts diverse alternative Designs entwickelt wurden. Dafür gibt es einen guten Grund: Das viktorianische Gewächshaus wurde in erster Linie für Nutzgärten und unter Berücksichtigung sämtlicher praktischer Bedürfnisse konzipiert, von der Ausrichtung und der Glaseindeckung über die flexible Belüftung und Beheizung bis hin zu den Platzbedürfnissen der gewünschten Pflanzen. Zwar gab es, abgestimmt auf die jeweiligen Pflanzen, zahlreiche Varianten, aber der symmetrische Bautyp mit Satteldach und zahlreichen Belüftungsklappen ist bis heute der beliebteste, da er besonders praxistauglich ist, egal ob für den Anbau von Tafeltrauben oder Gloxinien, Tomaten oder empfindliche Topfpflanzen.

Die Entwicklung und Verbreitung von Gewächshäusern hätte schneller vonstattengehen können, wenn nicht im 18. Jahrhundert eine Strafsteuer auf Glas eingeführt worden wäre, wodurch das kostbare Material nur noch für sehr Wohlhabende erschwinglich war. Doch im Laufe der Regierungszeit von Königin Viktoria (ab 1837) kehrte sich die Entwicklung um: Die Aufhebung der Glassteuer Mitte des Jahrhunderts und der durch Industrialisierung und Kolonialisierung beförderte Wohlstand der Nation führte dazu, dass sich auch die wachsende Mittelschicht Glasbauten leisten konnte. Unter dem lichtdurchlässigen Dach eines Gewächshauses oder Wintergartens konnten nun alle möglichen exotischen Pflanzen aus fernen Ländern kultiviert werden.

Eines der ersten Unternehmen, das den neuen Markt für Gewächshäuser eroberte (und das bis heute existiert), war Foster & Pearson, die rasch zum Weltmarktführer in ihrer Sparte wurden. Zahlreiche ihrer Glashäuser sind bis heute im Einsatz – und dienen auch der Pflanzenaufzucht und -pflege in einigen der in diesem Buch vorgestellten Gärten. Robert Jameson, der heutige Unternehmenschef, unterstreicht, dass die Modelle, die die Zeiten überdauerten, auf höchst praktischen Erwägungen basierten. „Die meisten der frühen Gewächshäuser bestanden vorrangig aus Holz sowie aus Metall, wobei wenig Eisen verwendet wurde, da sowohl Guss- als auch Schmiedeeisen hohe Anschaffungskosten und eine intensive Wartung mit sich brachten. Eisen fand vor allem bei gewölbten Konstruktionen Verwendung, die sich in Holz kaum realisieren ließen. Außerdem war es schwierig, Gewächshäuser aus Metall abzudichten,

Dieses schöne, durch einen Vorhang blühender Akelei *(Aquilegia vulgaris)* fotografierte Gewächshaus im Edwardianischen Stil steht im Garten von Bryan's Ground, Sitz der Gartenzeitschrift *Hortus*, die von Abonnenten weltweit geschätzt wird. Wie die meisten Gewächshäuser ist auch dieses das Herz des Gemüsegartens.

Galerie interessanter Gewächshäuser des 19. Jahrhunderts, der Hochzeit von Eisen- und Glaskonstruktionen.

LINKS Das Gewächshaus von Broughton Hall in North Yorkshire (um 1855).

LINKS UNTEN Die elegante Orangerie von Dallam Tower in Cumbria, ein exquisites und seltenes Designbeispiel dieser Art von circa 1826.

RECHTS, IM UHRZEIGERSINN Exotisch bis leicht exzentrisch: das Gewächshaus von Enville Hall. Elegant und geradezu modern: Paxtons Great Stove in Chatsworth House. Bemerkenswert: ein direkt ans Haus angebauter Wintergarten in Tyntesfield, Gloucestershire.

weswegen sie häufig kalt waren und sich nur schwer ausräuchern ließen", so Jameson. „Als Guss- und Schmiedeeisen schließlich allgemein verfügbar waren, verband man sie mit Holz zu stabilen und doch leichten Strukturen. So konnten beispielsweise durch den Einsatz eiserner Träger die Holzelemente schmaler ausfallen, wodurch sich die Verschattung reduzierte. Dadurch verbesserte sich auch die Haltbarkeit der Konstruktionen, denn unter feuchten Umgebungsbedingungen sind dünnere Holzelemente haltbarer als dickere, da Holz im Inneren mehr Feuchtigkeit speichert als auf der Oberfläche."

Landesweit existieren noch immer zahlreiche Beispiele für die große Vielfalt der im 19. Jahrhundert entwickelten Gewächshaustypen. Je nach Interesse und Geldbeutel konnte man zwischen speziellen Häusern für Trauben, Nelken, Pfirsiche, Kamelien, Farne, Palmen oder Orchideen wählen, aber auch solche, in denen sich Topfpflanzen für den Innenbereich ziehen oder Nutzpflanzen wie Melonen, Tomaten und Gurken anbauen ließen. (Im 20. Jahrhundert kamen mit der Begeisterung für Steingärten auch unbeheizte und voll belüftete Alpinhäuser in Mode, in denen Alpenpflanzen vor winterlichen Niederschlägen geschützt gedeihen konnten.) Ein Sonderfall sind in diesem Zusammenhang die Orangerien, die sich in England bereits im 17. und 18. Jahrhundert entwickelten: Sie sind größtenteils gemauert und dienen der Überwinterung von Zitruspflanzen. Ihr direkter Vorläufer ist die *limonaia* der italienischen Renaissancegärten – ein Winterquartier für die in Kübeln wachsenden Zitrusbäume, die die formalen Gärten schmückten.

Das Archiv von *Country Life* enthält Fotografien einiger der prachtvollsten Gewächshäuser des 19. Jahrhunderts, die zwar längst nicht mehr stehen, aber zu ihrer Zeit als Wunderwerke galten. Diese Dinosaurier des Glashausuniversums, einst überwältigend in Größe, Design und Anspruch, verloren an Bedeutung, als sich die Welt und die Bedürfnisse ihrer Bewohner wandelten. Eines dieser Gewächshäuser war das von Joseph Paxton (1803–1865) konstruierte Große Pflanzenhaus (The Great Stove) in Chatsworth Gardens, 1836 begonnen und vier Jahre später fertiggestellt. Das knapp 84 Meter lange, 37 Meter breite und 19 Meter hohe Wunderwerk der Gartengeschichte besaß eine befahrbare Promenade, auf der zwei Kutschen einander passieren konnten. Eine hinter Felsformationen versteckte Treppe führte zu einer Galerie, von der aus man die Kronen der Palmen und anderer exotischer Bäume aus nächster Nähe bewundern konnte. Für die Beheizung sorgten ein Netz aus Warmwasserleitungen mit einer Gesamtlänge von über elf Kilometern und acht unterirdische Kessel, die im Winter mit 300 Tonnen Kohle beliefert wurden, dies über eine ebenfalls unter der Erde verlaufende Eisenbahn. Der Erste Weltkrieg bedeutete auch für

Pelargonien in verschwenderischer Fülle in einem traditionellen Wintergarten. Der Lloyd-Loom-Sessel lädt zur Entspannung bei einer Tasse Tee inmitten duftender Pflanzen ein.

dieses Wunderwerk das Ende: Da Kohle zum Heizen fehlte, starben viele der Pflanzen, und nach dem Krieg erwiesen sich Renovierung und Inbetriebnahme als viel zu kostspielig. 1920 wurde Great Stove abgerissen.

Während das Pflanzenhaus in Chatsworth (S. 165) mit seinen elegant geschwungenen Linien fast modern anmutet, bevorzugten Gray und Ormson für ihr zwischen 1853 und 1855 in Enville Hall erbautes Gewächshaus einen anderen Stil (S. 165). Mit wunderschön blühenden Kamelien, Azaleen, Orangenbäumen und Fuchsien zwischen den Palmen, den gotischen Glasdetails und spitzen Türmchen präsentierte es sich auffallend exotisch – wie eine Kreuzung aus dem Royal Pavilion in Brighton und einem der großen Bahnhöfe jener Zeit. Doch wie in Chatsworth Gardens und aus denselben Gründen wurde auch dieses Haus nach dem Ersten Weltkrieg als erhebliche Belastung empfunden. In der Folge verfiel es, doch das Gerüst – dem Skelett eines Wals ähnelnd – stand noch bis in die 1950er-Jahre an Ort und Stelle.

Nachdem im 18. Jahrhundert mit Capability Brown der Landschaftspark in Mode gekommen war, legte man ummauerte Nutzgärten immer seltener direkt am Haus an. Als dann im 19. Jahrhundert der Eroberungszug der Glashäuser begann, nutzte man Mauern und Wände für ihre Konstruktion. Ein Anbau- oder Anlehngewächshaus mit einer Mauer als Rückwand sparte Platz, außerdem bot es die Möglichkeit, Obstbäume, vor allem kälteempfindliche Arten wie Pfirsiche, Nektarinen und Feigen, an Mauerspalieren zu ziehen. Gewächshäuser für den Anbau von Tafeltrauben – damals eine begehrte und kostspielige Delikatesse – besaßen in der Regel Bogenöffnungen an der Längsseite des Mauersockels, durch die die Reben geleitet wurden, die dann unter dem Glasdach am Spalier wuchsen. Ein eigenes Beet direkt vor dem Gewächshaus versorgte die Wurzeln mit Nährstoffen. Es war üblich, dort Pferdekadaver zu begraben, um so den Boden über einen längeren Zeitraum zu düngen.

Wintergärten galten seit dem Viktorianischen Zeitalter fast als Muss. Normalerweise war ein solcher Wintergarten kaum mehr als ein hübsches an das Wohngebäude angebautes Glashaus mit einer verglasten Innentür, die den Zugang vom Haus ermöglichte. Es konnte groß oder klein sein, war aber in jedem Fall ein Ort, an dem man Pflanzen zog und häufig auch zwischen ihnen Platz nahm, etwa für ein Lesestündchen oder zu geselligen Anlässen.

Modische Wintergärten des 21. Jahrhunderts spielen demgegenüber in einer anderen Liga: Mit ihrem leichten Metalltragwerk, Flachglas und automatisierten Belüftungssystemen dienen sie primär der Wohnraumerweiterung. Von hier aus bewundert man die Pflanzenwelt jenseits des Glases, unbeeinträchtigt von dem Geruch feuchter Erde oder dem plötzlichen Anblick aus dem Blattwerk hervorkrabbelnder Insekten und Spinnentiere.

Moderne Wintergärten sind in erster Linie für Menschen gedacht. Pflanzen werden dort zwar immer noch bewundert, aber in der Regel jenseits der Verglasung.

LINKS Bei geöffneten Türen verschmelzen Außen- und Innenraum.

RECHTS OBEN Die Architektur ist geradezu darauf angelegt, dass sich der Ausblick lohnt.

RECHTS Größtmögliche Transparenz.

9 KÜCHENGÄRTEN

Säen und ernten: ein ummauerter Garten wie anno dazumal. Dieser ausgedehnte Garten zielt nicht nur auf Produktivität – er wurde streng nach ökologischen Standards angelegt.

Als ich 2018 als Gartenredakteurin der *Country Life* in Rente ging, lud mich die BBC-Radio-4-Nachrichtensendung *Today* ein, über die aktuelle Situation des Gärtnerns im Land zu sprechen. Der legendäre Rundfunkredakteur John Humphrys fragte mich damals, was sich in den letzten zwei Jahrzehnten geändert habe. Mir fielen auf Anhieb die beiden wichtigsten Trends ein, die das Gärtnern heute auf jeder Ebene beeinflussen: der heute fast allgegenwärtige Wunsch, nachhaltig und vor allem biologisch zu arbeiten, und der Küchengarten.

Zwischen beiden gibt es natürlich erhebliche Überschneidungen, und dass heute viele Leute zumindest einige der Früchte, Gemüse, Salate und Kräuter, die sie essen, selbst ziehen, stimmt hoffnungsfroh. Vor ein paar Jahren meldete eine Samenfirma, sie habe erstmals mehr Gemüse- als Blumensaat verkauft. Im Zuge der „Dig-for-Victory"-Kampagne des Zweiten Weltkriegs lernte jeder Brite aus purer Not, wie man Essbares zieht, aber dieses Wissen ging zusammen mit der Kriegsgeneration unter und hat, wie sich wohl ohne Übertreibung sagen lässt, zwei Generationen übersprungen.

Inzwischen aber fördert u. a. die Royal Horticultural Society landesweit Schulgärten, die Kinder früh ans Gärtnern heranführen und zeigen, dass der Anbau von Obst und Gemüse Spaß machen kann. So haben denn auch besonders die Millennials Freude daran, und sei es nur in einem Balkonkasten. Dafür gibt es viele Gründe, so u. a. der Wunsch, zu wissen, woher Lebensmittel stammen, ein insgesamt umweltbewussterer Lebensstil, die Annahme, sich mit selbst gezogenem Obst und Gemüse gesünder ernähren zu können, die Freude an den Erzeugnissen selbst, die sportliche Seite der Gartenarbeit und nicht zuletzt die Freude am Kontakt mit der Erde und der Natur. Neben all diesen recht hehren Beweggründen spielen aber auch eine neue Esskultur und der rege Austausch von Fotos der eigenen Gartenprodukte auf Instagram und anderen Internet-Plattformen eine Rolle – ein Trend, der sicher noch eine Weile anhalten wird.

Die heutige Situation ist eine völlig andere als noch vor einer Generation, als der National Trust die vielen ummauerten Gärten seiner großen Anlagen fast ausschließlich als Parkplätze nutzte. Dass er sich damit eine Chance entgehen ließ, zeigte der enorme Erfolg der netten BBC-Serie *The Victorian Kitchen Garden*, die zuerst 1987 ausgestrahlt wurde. Sie porträtierte einen Garten im Jahreslauf und wurde wie ihre beiden Folgeserien mehrfach wiederholt.

RECHTE SEITE Darum geht's: Wer sein eigenes Obst und Gemüse zieht, weiß, wo es herkommt, und entscheidet selbst darüber, ob er sich an biologische oder biologisch-dynamische Regeln hält. (Viele Jahre lang wurden in *Country Life* überwiegend Gärten porträtiert, die ganz oder teilweise nach biologischen Grundsätzen wirtschafteten.)

IM UHRZEIGERSINN Rot geäderter Grünkohl. Dessertweintrauben im Gewächshaus. Erdbeeren auf Stroh. Mischung nachwachsender „Cut-and-come-again"-Salate.

1990 wurden auf dem Gelände eines alten, werbewirksam „Lost Gardens of Heligan" genannten Gartens in Cornwall Restaurierungsarbeiten in Angriff genommen. Ich weiß noch, wie ich in den frühen Tagen zusammen mit Tim Smit, dem Leiter der Rettungsaktion, durch den zerstörten Küchengarten des Anwesens schlenderte. Sich durch das Gestrüpp zu schlagen, unter dem der alte Garten begraben lag und dessen Schlüssel (zumindest im übertragenen Sinn) weggeworfen worden war, hatte wenig mit Smits glamouröser erster Karriere als Musikproduzent von Barry Manilow gemein. In Heligan zeigte sich, dass Smit nicht so schnell aufgibt und u. a. das Talent hat, mit seiner Begeisterung potenzielle Geldgeber und Ehrenamtliche gleichermaßen anzustecken. Das Ergebnis spricht für sich: Seit der Eröffnung des Gartens Anfang der 1990er, als die Restaurierung noch in vollem Gange war, kamen Millionen Besucher. Und obwohl noch viel Mühe und Aufwand in die Freilegung und Rettung der dekorativen Bereiche des Gartens gesteckt wurde, bleibt der ummauerte Küchengarten mit seinem Melonenhof, dem Ananashaus und den über 300 Obst-, Gemüse-, Salat- und Kräutersorten Heligans Herzstück.

Ein weiterer großartiger restaurierter ummauerter Garten ist in West Dean bei Chichester in West Sussex zu besichtigen. Dieses Kleinod hat das Ehepaar Jim Buckland und Sarah Wain in über 25 Jahren bis zum wohlverdienten Ruhestand saniert. In den 13 viktorianischen Gewächshäusern gedeihen vielfältigste Früchte, darunter Feigen, Pfirsiche, Nektarinen und Weintrauben, dazu zahlreiche Paprika- und Tomatensorten sowie, draußen auf akkuraten Beeten, viele weitere essbare Pflanzen. Als Teil der Edward James Foundation widmet man sich hier auch Bildungsaufgaben.

Der ummauerte Garten von Osborne House auf der Isle of Wight, Königin Viktorias Lieblingsresidenz, war lange Zeit überwuchert, bis English Heritage das Anwesen um die Jahrtausendwende mit Mitteln seines Contemporary-Heritage-Gardens-Programms wiederbelebte. Mit seiner eleganten zeitgenössischen Interpretation eines alten Themas gelang es dem Gartengestalter Rupert Golby, Viktoria und Albert Respekt zu zollen und gleichzeitig eine üppige Bepflanzung zwischen den traditionellen vier Wänden eines Küchengartens zu realisieren. Etwa zur selben Zeit entdeckte der National Trust das Potenzial seiner großen ummauerten Gärten und restaurierte viele von ihnen (u. a. Knightshayes Court, S. 183). Heute gehören sie zu den beliebtesten Attraktionen des Trust. Fast jeder möchte sehen, wo Obst und Gemüse herkommen und wie man sie zieht.

LINKS Der Potager von Stanton Fence in Northumberland.

RECHTS OBEN Der Küchengarten von Warnell Hall in Cumbria mit blassblauem Gewächshaus.

RECHTS Traditioneller Pflanzenanbau auf Jackson's Wold in North Yorkshire.

GRAVETYE MANOR

WEST SUSSEX

Der mehr als hundert Jahre alte ovale Küchengarten beliefert das Hotelrestaurant mit Blumen und frischem Obst und Gemüse

Die unauffällige Zufahrt zu Gravetye Manor schlängelt sich von der Straße mehr als anderthalb Kilometer zwischen Bäumen leicht hügelan, bevor das elisabethanische Haus mit den vielen Giebeln in Sicht kommt. Ein ortsansässiger Eisenfabrikant namens Richard Infield errichtete das Gebäude 1598 anlässlich seiner Heirat. In diesem Teil von Sussex gibt es viele Wälder – Gravetye selbst gehört zu einem Anwesen mit über 400 Hektar Land –, sodass man leicht vergisst, dass die Gegend in der Tudorzeit von Industrie geprägt war. Damals wurden große alte Wälder gerodet, um mit Holzkohle Eisenschmelzöfen zu befeuern und aus dem Holz Häuser und Kriegsschiffe zu bauen. Als Infield sein Sandsteinhaus errichtete, war die Eisenfabrikation in Sussex im Niedergang, aber viele, die durch sie zu Reichtum gekommen waren, erbauten sich schmucke Anwesen und frönten weiteren vornehmen Aktivitäten.

Als Gravetye 1884 zum Kauf stand, war dies der ideale Zeitpunkt für den irischen Hitzkopf William Robinson. Der talentierte Gärtner, Kommunikator und Verleger einer Gartenzeitschrift erwarb mit Gravetye einen eleganten Wohnsitz, in den er sein Geld stecken und wo er seine Vorstellungen vom perfekten Garten, Haus und passender Waldlandschaft ringsum verwirklichen konnte.

Robinson schrieb in den ersten drei Jahrzehnten von *Country Life* (die die letzten seines eigenen Lebens waren) zahlreiche Artikel über sein Anwesen. Seinen lautstarken Tiraden gegen formale, architektonische Gärten zum Trotz wusste er, dass Haus und Umgebung zueinanderpassen müssen, und gestaltete den rund 15 Hektar großen Garten von Gravetye direkt am Haus im formalen Stil und die entfernteren Bereiche freier und zunehmend natürlich.

Eine viereckige ebene Fläche westlich des Hauses (zu Robinsons Zeit ein Rosengarten, heute eine Rasenfläche mit denselben Abmessungen) ist von üppigen, lebendigen und originellen Blumenrabatten eingefasst. Sie bildet das Herzstück dieser Ebene des Gartens. Richtung Süden fallen Wiesen steil zu einem See hin ab, nach Norden steigt das Gelände über mit Heide und Rhododendren bepflanzte Böschungen an. Oben erstreckt sich ein ebener Krocketrasen und darüber ein Waldgarten mit Teppichen aus Frühlingsblühern.

Noch weiter nördlich den Hügel hinauf befindet sich Gravetye's einzigartiger Küchengarten: der riesige Nutzgarten mit über dreieinhalb Meter hohen gerundeten Mauern bildet eine perfekte Ellipse. Die gut einen halben Hektar große Fläche fällt sanft südostwärts ab. Ein Hauptweg, der vom Tor am südwestlichen Ende bis zu dem am nordöstlichen führt, durchschneidet sie mittig. Am Rand verläuft im Abstand von etwa sechs Metern zur Mauer ein ebenfalls ovaler Weg, von dem aus die rechts und links liegenden Beete zugänglich sind. Letztere sind heute wieder mit einer erstaunlichen Vielfalt von Früchten, Salaten, Gemüse und Schnittblumen bepflanzt.

Lupinen und 'Ladybird'-Mohnblumen im Schnittblumenbereich hinten im riesigen oval ummauerten Garten von Gravetye Manor in West Sussex, wo einst der viktorianische Gartenautor und Verlagsmogul William Robinson lebte. Im Garten werden zahlreiche Bioerzeugnisse für das Hotelrestaurant angebaut.

OBEN Ein fröhliches Durcheinander von Blumenkohl, Weißkohl und Grünkohl.

RECHTS Der komplett wiederhergestellte Garten von Gravetye Manor liegt auf einem Gelände, das nach Süden hin sanft abfällt – eine Lage, die wohl ein Höchstmaß an Licht und Wärme versprach.

OBEN Nachmittagstee zwischen Tulpen und Heideböschung.

RECHTS William Robinson machte sich leidenschaftlich fürs *wild gardening* stark, dennoch war dieser Bereich zu seiner Zeit ein formaler Rosengarten. Die heutige Anlage mit ihren Rasenstücken und dicht, aber natürlich bepflanzten Beeten greift seine Ideen auf, ist dabei aber wahrscheinlich vielschichtiger als seine kühnsten Vorstellungen.

Nachdem der Gastronom Peter Herbert 1958 Haus und Garten übernommen hatte, machte er aus der Anlage ein elegantes Schlosshotel, das es noch heute ist. Die derzeitigen Eigentümer Jeremy und Elizabeth Hosking haben seit dem Kauf des Anwesens 2010 eine Menge in Haus und Garten investiert. In den letzten Jahren wurde der ummauerte Küchengarten komplett restauriert und mit modernster Bewässerung ausgestattet, die geschickt hinter seiner original viktorianischen „Fassade" versteckt ist. Die Investition zahlt sich insofern aus, als der Küchengarten das (kürzlich vergrößerte) Michelin-Sternerestaurant das ganze Jahr über mit seinen Erzeugnissen versorgt. Chefkoch und -gärtner beraten sich regelmäßig über die besten Sorten, von Erdbeere bis Birne, Erbse bis Spargel, Schwarzwurzel bis Artischocke, mit denen unter Beachtung des althergebrachten jährlichen Fruchtwechsels die sechs Hauptbeete bepflanzt werden. Im ummauerten Garten spielen auch die Schnittblumen eine wichtige Rolle, die im Hotel Gästezimmer und öffentlich zugängliche Räume schmücken.

Nachdem zahllose alte Küchengärten in England im Laufe des 20. Jahrhunderts aufgegeben wurden, ist in den letzten 20 bis 30 Jahren eine Kehrtwende festzustellen. Viele wurden wiederbelebt, manchmal, wie im Fall von Gravetye, zur Versorgung von Restaurants, in anderen Fällen für die Nutzung durch die lokale Bevölkerung.

Abgesehen davon, dass die Gartenmauern Windschutz bieten, speichern sie auch Sonnenwärme, die die Reifung der Früchte fördert, und halten unwillkommene Tiere fern. Der Boden ist dank regelmäßiger Düngung über Generationen hinweg leicht und fruchtbar, erwärmt sich im Frühling rasch und lässt sich meist gut bearbeiten. Chefgärtner Tom Coward, der die Restaurierung des Gartens leitete, freut sich auch an deren Nebeneffekten, etwa den Waldkäuzen, die abends in den Bäumen hocken und sich mit Rufen verständigen, und den vielen Fledermäusen, die hier im Sturzflug Insekten jagen.

KNIGHTSHAYES COURT

DEVON

Der frisch restaurierte Garten von Mitte des 19. Jahrhunderts liegt zwischen hohen Mauern mit kleinen Türmchen an den Ecken und ist fruchtbar wie eh und je

Der Garten von Knightshayes Court bietet viele Attraktionen, sein fantastischer Küchengarten gehört aber erst seit Kurzem dazu. Graham Stuart Thomas, ein ausgezeichneter Gärtner, Rosenexperte, Pflanzenmaler und viele Jahre Gartenberater des National Trust, besuchte Knightshayes Court mehrfach, als es noch in Privatbesitz war, aber bereits sein erster Ausflug dorthin im Jahr 1955 beeindruckte ihn nachhaltig. Nach einer langen Bahnreise traten er und seine Begleitung „durch ein großes Tor auf eine zwanglose Allee hoher Bäume, darunter gewaltige cornische Feldulmen und Zerreichen. Plötzlich kam das Haus in Sicht: ein großer viktorianischer Steinhaufen in warmen Farben auf einer Anhöhe. Ich glaube, uns beiden stockte der Atem ... Nach dem Lunch erkundeten wir den Garten ... Ich hatte Mühe, mich von den fantastischen Blicken auf den Park abzuwenden."

Kurz danach übernahm Thomas die Funktion eines Beraters des National Trust. Seitdem war er immer, wenn er Anwesen in der Nähe beriet, auf Knightshayes bei Sir John und Lady Heathcoat-Amory zu Gast. Gartenmenschen sind in der Regel gesellig und reden gern über Pflanzen, und so zeigten ihm seine Gastgeber bei solchen Gelegenheiten, was sie, ohne Kosten und Mühen zu scheuen, Neues gepflanzt hatten. „Welch herrliche Besuche waren das! Die Spaziergänge durch den immer größer werdenden Garten waren jedes Mal sehr interessant, gefolgt von wunderbarer Musik, die im Wohnzimmer den ganzen Abend aus riesigen Lautsprechern erscholl", erinnerte sich Thomas.

Der Blick auf den Park war in der Tat atemberaubend: Wie ein riesiger von Bäumen umgebener Golfplatz lenkten die Grünflächen das Auge südwärts in Richtung des fernen Tiverton. Vielleicht sorgte dies auch dafür, dass Lady Heathcoat-Amory, bis zu ihrer Heirat 1937 Joyce Wethered und die führende britische Golfspielerin der Zwischenkriegsjahre, sich dort sofort heimisch fühlte. Ist sie je mit einem Golfschläger aus dem Haus marschiert, um eine paar Bälle Richtung Tiverton zu schlagen? Wie auch immer, Thomas erinnert sich, dass das Ehepaar als eine der ersten Maßnahmen, die es auf Knightshayes in Angriff nahm, unterhalb von Haus und Garten eine Serie Putting-Greens anlegen ließ.

Beim Garten aber ging es ihnen vor allem um Schönheit und eine kluge Platzierung der erlesensten Bäume und Sträucher auf einer ausgedehnten Fläche. Diesem Plan musste 1960 auch der einen Hektar messende ummauerte Küchengarten weichen, dessen 13 Gärtner fortan im Hauptgarten und in den Wäldern arbeiteten.

Als Sir John Heathcoat-Amory 1972 starb, gingen das neugotische Herrenhaus, der Garten, den er und seine Frau in drei Jahrzehnten geschaffen hatten, und die umgebenden Ländereien an den National Trust, wobei Lady Heathcoat-Amory bis zu ihrem Tod 1997 weiter auf dem Anwesen lebte.

Der einen Hektar große ummauerte Garten von Knightshayes Court ist in Themengärten unterteilt, in denen u. a. Obst und Gemüse, Kräuter, Blumen und Blattschmuck fürs Haus und auch Wein gezogen werden. Ein so großer und aufwendiger Garten benötigt viel Pflege, worin Ehrenamtliche die Gärtner unterstützen.

Heute kommen die Besucher zweifellos wegen der herrlichen Ziergärten und der abwechslungsreichen, mit ausgewählten Sträuchern und Bäumsen bepflanzten Waldgärten, zu denen schöne Rasenwege führen. Insbesondere bewirtschaftete Küchengärten sind aber zurzeit ein Publikumsmagnet: Das Interesse an Anbau und Herkunft von Obst und Gemüse ist heute deutlich größer als vor 20 Jahren. Daher steht auch in Knightshayes der 2003 wiederöffnete, riesige ummauerte Küchengarten aktuell im Mittelpunkt des Besucherinteresses.

Wie viele Küchengärten des Trust wird auch dieser (zertifiziert von der Soil Association) ganz und gar biologisch bewirtschaftet, mit vielen alten Obst- und Gemüsesorten bepflanzt und mit der Unterstützung von rund 30 tatkräftigen Ehrenamtlichen betrieben, die beim Säen, Pflegen und Ernten helfen. Die Erzeugnisse, inklusive Wein, werden im zugehörigen Café serviert, und alles, was über dessen Bedarf hinausgeht, wird an die Besucher und auf dem örtlichen Wochenmarkt verkauft.

LINKS Knightshayes Court, stolze viktorianische Neugotik von William Burges. Anstaltsmäßig, düster, erdrückend? Oder dramatisch und romantisch? Ansichtssache! Paradoxerweise verdankte sich das Vermögen, das der Bau verschlang, einer neumodischen Maschine für die Fertigung feinster Spitzen.

LINKS UNTEN Wie etwa dieser stille Teich beweist, sind die Gärten jedenfalls herrlich.

OBEN Die *honesty box* („Vertrauenskasse") ist etwas Wunderbares! Man findet im Sommer überall im Land solche provisorischen Stände, wo Gartenbesitzer ihren Überschuss an Salaten, Blumen, Eiern, Honig, Obst etc. für ein paar Pence zum Verkauf anbieten.

RECHTS Mittelalter-Flair: einer von William Burges' Ecktürmchen im ummauerten Garten.

10 SCHNITTBLUMEN-GÄRTEN

Die viktorianische Künstlerin und Gartengestalterin Gertrude Jekyll (S. 219), die sich ihr Haus in Munstead Wood von Edwin Lutyens von Grund auf neu bauen ließ, brachte mehrere Spezialwünsche in seinen Entwurf ein, u. a. ein Erdgeschoss-Atelier für ihre künstlerischen Betätigungen. Gleich dahinter befand sich ihre Gartenwerkstatt, ein kleiner kühler Raum auf der Nordseite des Hauses mit einer Eichentür, durch die man über ein paar Stufen direkt in den Garten trat. Jekyll, die gern mit geschmackvollen Arrangements aus Blüten und Blättern die Natur ins Haus holte, hantierte darin vermutlich oft herum. Der Raum war mit Brettern und Schränken für ihre vielen Vasen und einer Arbeitsfläche mit eingelassenem Waschbecken fürs Auswaschen und Füllen der Gefäße ausgestattet.

Solche Extraräume für das Schneiden und Arrangieren von Blumen gibt es in manchen Herrenhäusern heute noch, aber bei den meisten erfüllt der „Hauswirtschaftsraum" mit Zugang ins Freie viele verschiedene Funktionen; oft steht hier die Kühltruhe und vielleicht sogar eine Dusche zum Säubern schmutziger Hunde.

Jekyll äußerte sich ausführlich zum Ernten und Zusammenstellen von Pflanzen, auch wenn es ihr wohl nicht ausdrücklich um Schnittblumen in Vasen ging. In ihrem eigenen Garten mit den vielen verschiedenen Rabatten und Versuchsflächen, bei denen der Fokus auf Farben oder Blühzeiten lag, war ein abgetrennter Bereich für Schnittblumen überflüssig.

Traditionell sind Schnittblumengärten Teil eines Küchen- oder Schrebergartens und fast immer ein abgetrennter Nutzbereich, dessen Erzeugnisse bei Bedarf geerntet werden können. Eines der schönsten Beispiele dieses Typs findet sich im großen ummauerten Garten von Parham House in West Sussex (S. 196). Parham blickt auf eine lange, kontinuierliche Geschichte des Blumenanbaus zurück, zu der besonders schöne Arrangements gehören. Zwiebel- und andere Pflanzen wachsen in akkuraten Reihen mit Wegen dazwischen, die Pflege und Pflücken erleichtern. Jahr für Jahr probiert man hier neue Sorten aus, um ihre Eignung im Vergleich mit den bereits vorhandenen zu testen.

Bisweilen geben aber auch Küchengärten selbst einiges her. Die Zeitschrift *Garden Design*, deren Eigentümer und Herausgeber in den 1930ern der renommierte Gartengestalter Percy Cane war, widmete sich dem Thema Blumenarrangieren regelmäßig. Im Juli 1936 schrieb die Floristikredakteurin Anne

Auf Wardington Manor in Oxfordshire werden schon lange Schwertlilien gezogen. In den vielen Jahren, in denen Lady (Audrey) Wardington sich um sie kümmerte, wuchsen sie auf Beeten am Haus. Die neuen Besitzer führen die Tradition fort, beziehen außerdem aber Schnittblumen von The Land Gardeners, einem Bio-Floristikunternehmen.

Lamplugh: „Küchengärten stecken voll dekorativer Möglichkeiten. Wer einmal zu den riesigen, grünlich weißen Wolken der Rhabarberblüten an ihren ein bis anderthalb Meter hohen Stielen gegriffen hat, wird es fortan jeden Sommer tun. Auch Beeren sind hübsch – eine Vase mit Roten Johannisbeeren (ohne Blätter), grünen Mondviolen, Weißen Johannisbeeren, einem Zierapfelzweig und ein paar verblühten Jungfern im Grünen hat einen ganz eigenen Reiz."

Der Schnittblumenbereich innerhalb des Küchengartens von Gravetye Manor in West Sussex (S. 177) beweist eindrucksvoll, wie Schnittblumen die Reihen biologischer für ein Sternerestaurant bestimmter Gemüse- und Obstsorten aufwerten können.

Inzwischen gibt es so viele Schnittblumengärten, dass im Rahmen der landesweiten Kooperative Flowers from the Farm etliche Privatleute ihre Landgärten unternehmerisch nutzen und den Blumenhandel beliefern. Das Unternehmen The Land Gardeners mit Sitz auf Wardington Manor in Oxfordshire bedient einen Nischenmarkt für Blumen, die biologisch-dynamischen Standards genügen. Und die Floristin Sarah Raven hat ihre eigene Begeisterung für den Anbau von Schnittblumen zum Anlass genommen, ein breit aufgestelltes Unternehmen zu gründen und ein nützliches Buch mit praktischen Tipps zum Thema zu verfassen.

Der Schnittblumengarten ist eine beliebte Domäne des englischen Gärtnerns im 21. Jahrhundert. Auf den folgenden Seiten werden zwei Landsitze vorgestellt, die hinsichtlich ihres Blumenschmucks zu den schönsten Beispielen zählen, die es in England derzeit gibt. Gezielt für die öffentliche Präsentation geschaffen, bereichern die Blumenarrangements die historischen Interieurs um eine neue, lebendige Dimension.

IM UHRZEIGERSINN Schönheiten in Rosé. Jede einzelne Pfingstrosenblüte ist so herrlich, dass sie eigentlich eine Vase für sich verdient hätte. Kamelienblüten sind hübsch in kleinen Vasen oder Schalen mit Wasser. Fünf Rosen – große Wirkung. Auch Rhododendren, besonders noch nicht voll erblühte, haben Vasen-Potenzial, ob pastellig hell oder kräftiger gefärbt.

CAMELLIA DONATIONI

CHATSWORTH HOUSE

DERBYSHIRE

Die Blumenarrangements unterstreichen den Charakter des Landsitzes durch florale Vielfalt in klassisch-englischem Gewand

Chatsworth, Sitz des Duke und der Duchess of Devonshire und eines der Herrenhäuser Englands, ist seit 16 Generationen im Besitz der Familie Cavendish. Die Veränderungen, die man im späten 17. und frühen 18. Jahrhundert an Haus und Gärten vornahm, zielten darauf, die herausragende Position des ersten und zweiten Duke of Devonshire widerzuspiegeln. Auf einem Stich von Johannes Kip aus dem Jahr 1707 lässt die weitflächige formale Grandezza der Gärten das große Herrenhaus geradezu winzig wirken. Sogar an den höchsten zeitgenössischen Standards gemessen, gehörte die Außenanlage zu den kunstvollsten Englands – ein Traumbild überwältigender Muster und Komplexität.

George London und Henry Wise, die gefragten Schöpfer formaler Gärten der Epoche, entwarfen hier märchenhaft komplizierte Broderie-Parterres. Ab 1696 stürzte die große Wasserkaskade – entworfen von einem französischen Hydraulikingenieur, der auch für Ludwig XIV. von Frankreich tätig war – eine prachtvolle Folge von Stufen den Hang hinab. Es gab flache quadratische Rasenflächen und viele Topiari-Formen, Irrgärten, Alleen, Kanäle, Baumgruppen und pfeilgerade Reitwege durch akkurate Baumkarrees. Aber spätere Generationen sehen vieles anders, und so begann Capability Brown 1755, die meisten formalen und pflegeintensiven Bereiche durch einen natürlicher wirkenden Landschaftsgarten zu ersetzen. Im 19. Jahrhundert kehrte dann unter Joseph Paxton und Jeffry Wyatville in der direkten Umgebung des Hauses wieder manches Formale zurück. Folgende Generationen fügten in den Außenanlagen das Ihre hinzu, aber auch das Haus selbst bietet herrliche Kulissen, um eine florale Pracht zu inszenieren.

Die Fotos in diesem Kapitel sind bei einem der Events entstanden, die hier ein paar Jahre lang im Juni stattfanden und bei denen Blumen und Blattschmuck ausgestellt wurden, die überwiegend aus Chatsworth selbst, aber auch von Züchtern aus der Umgebung stammten. Die von Meisterflorist Jonathan Moseley und seinem Team aus rund 40 regionalen Floristen geschaffenen Gestecke sind frisch und modern, zugleich aber auch gewichtig und ausdrucksstark genug, um die fast überwältigende Pracht der Interieurs zu heben. Die Painted Hall z. B. mit ihrem Schachbrett-Marmorfußboden und ihrer großen zentralen Treppe ist genau der ehrfurchtgebietende Raum, als der sie gedacht war. Der erste Duke ließ sie Anfang der 1690er-Jahre erbauen, um seine Gäste zu beeindrucken. Das ist gelungen. Es war eine echte Herausforderung, diesen einzigen original erhaltenen Raum des Schlosses, den Szenen aus dem Leben Julius Caesars schmücken, adäquat mit Blumen zu dekorieren. Raumgreifende, auffällige Gestecke, die sich aus großen Steinurnen ergießen, waren genau die richtige Wahl.

Ganz anders der große Speisesaal, auf dessen Tafel sich Dutzende kleiner Vasen mit Cottage-Gartenblumen wie Duftwicke, Mutterkraut, Seifenkraut, Schleifenblume, Kornblume und Bartnelke aufreihten, allesamt bei einer lokalen Produktionsgemeinschaft unabhängiger Blumenzüchter in Derbyshire

Schlichtes Arrangement aus Frühsommerblumen: 'Russell'-Lupinen in Violett und Pink, ein Sträußchen altrosa Sterndolden, weiße Fingerhüte, Minze und schmale *Miscanthus*-Grashalme auf einem Kaminsims aus regionalem Stein nahe am Nordeingang.

OBEN Lange *Miscanthus*-Halme, rote Gladiolen und weiße Rittersporne ragen hinter altrosa Rosen, apricotfarbenen Inkalilien, rosa Zinnien, Löwenmäulchen und grünen Funkienblättern auf. Die Zinnien stammen aus dem Gewächshaus, der Rest bis auf die Weiden- und Lärchenzweige aus dem Schnittblumengarten.

OBEN RECHTS Ein schlichter Gartentontopf gefüllt mit dunkellila und fast schwarzen Schwertlilien, filigranem Sternkugel-Lauch *(Allium christophii)*, Kugelköpfigem Lauch *(Allium sphaerocephalon)*, Lupinen, Natternkopf, Knautien, Kornblumen und Buchszweigen.

und Yorkshire bezogen. Die Sträuße brachten sommerliche Schönheit und zarte Düfte ins Haus und waren zugleich klein und niedrig genug, um Gespräche quer über den Tisch nicht zu behindern.

Auf Chatsworth denkt man groß, und so lieferte nicht nur der üppig bestückte Schnittblumengarten Pflanzenschmuck, man bezog ihn auch aus Capability Browns Landschaftspark, so Blätter und Zweige von Kiefer, Tanne, Ahorn, Hängebirke und Buche. In den Wäldern und Schluchten ließen sich Wildblumen pflücken und im ummauerten Küchengarten duftende Kräuter und imposante Artischocken mit langen robusten Stielen schneiden.

In einem Schnittblumengarten sollte es natürlich bewährte Blumen zur Genüge geben, die auf Chatsworth Becky Crowley unterstehen. Zu den Sommerstauden gehören Rittersporn, Bartiris, verschiedene Sorten Zierlauch, standfeste 'Russell'-Lupinen und allerlei Pfingstrosen, darunter natürlich *Paeonia* 'Duke of Devonshire'. Von den Einjährigen sind Duftwicken wegen ihres Dufts und ihrer Pastellfarben wichtig; die wiesenkerbelähnliche Knorpelmöhre *Ammi majus* ist zart und filigran, und das frische Orange der Ringelblumen setzt Akzente.

RECHTS Die Painted Hall braucht große Statements: Hier wurden Tannen-, Buchen- und Feldahornzweige mit langen Stielen Engelwurz und gerade erblühender grünlich weißer Lilien kombiniert. Verschiedene Pfingstrosen steuern Magenta bei. Alles vor Ort geschnitten.

FOLGENDE DOPPELSEITE LINKS
Dramatisches zur niederländisch-flämischen Wandkunst passendes Arrangement: Tiefrote und violette Gladiolen, mattlila Rosen und zartrosa Hortensien sind hier durchwoben von schwefelgelber Wolfsmilch und den limonengrünen reifenden Fruchtständen des Einjährigen Silberblatts.

FOLGENDE DOPPELSEITE RECHTS
Eine der beiden Steinvasen am Fuß der Treppe in der Great Hall ist gefüllt mit Riesenfedergras, grüner Engelwurz sowie dem Laub von Hartriegel, Lärche, Salomonssiegel und Artischocke. Rittersporn und Pfingstrosen sorgen für Pink- und *Allium christophii* für zart schimmernde Mauvetöne.

PARHAM HOUSE

WEST SUSSEX

In einem Bereich des ummauerten Gartens von Parham kultivieren die Gärtner Schnittblumen in bester Qualität

Eine lange Zufahrt schlängelt sich durch den uralten Rotwildpark von Parham und endet bei einem der schönsten elisabethanischen Häuser des Landes. Es schmiegt sich in ein Tal in den Kreidehügeln von Sussex, in der Ferne grüßt der hohe Kamm der South Downs. Das beeindruckende Steingebäude samt Höfen und Nebengebäuden hockt wie ein kleiner Weiler in der ansprechenden Umgebung. Ein langer, gerader Weg führt an Haus und Nebengebäuden vorbei direkt zum ummauerten Garten, der viele Jahre Zentrum kreativer Gartenkultur war.

Die Gärten sind älter als das Haus. Das Anwesen war im Besitz der Abtei von Westminster, bis Heinrich VIII. es 1540 konfiszierte und einem Londoner Kaufmann namens Robert Palmer überließ. Das heutige Haus entstand 1577 und wurde seitdem durchgehend von Privatleuten bewohnt. Als Clive Pearson das Anwesen 1922 erwarb, waren in Haus und Außenanlagen enorme Investitionen und Renovierungsarbeiten erforderlich, die die Pearsons unter Einsatz beträchtlicher Mittel vornahmen.

Zu Beginn des Zweiten Weltkriegs wurden 30 evakuierte Kinder, von denen die meisten noch nie auf dem Land gewesen waren, von London nach Parham gebracht. Clive Pearson baute ihnen ein kleines Theater aus Holz, und um ihnen Gemüse schmackhaft zu machen, teilte er einen Bereich des ummauerten Gartens in kleine Parzellen ein und gab ihnen Werkzeuge und Saatgut. Derart ermutigt und zusätzlich angespornt durch die Ausrufung eines Wettbewerbs, entwickelten sich die Kinder zu begeisterten Gärtnern und Gemüseessern! Im weiteren Verlauf des Kriegs wurden auf Parham Kanadier einquartiert. Nach Kriegsende beschloss Clives Frau Alicia, Haus und Garten der Öffentlichkeit zugänglich zu machen: „Parham hat eine so typisch englische Schönheit, dass es Freude macht, es meinen eigenen Landsleuten zu zeigen, und stolz, es Menschen aus anderen Ländern zu präsentieren.“ In der von Mangel und Rationierung geprägten Nachkriegszeit konnte es nichts Attraktiveres geben als einen Ausflug zu einem schönen sorgfältig restaurierten, üppig mit Blumen aus dem eigenen Garten geschmückten Haus. Beide Traditionen, der Empfang von Besuchern und das gekonnte Arrangieren von Blumen im Haus, werden heute von Alicias Urenkelin Lady Emma Barnard fortgeführt.

In dem gut anderthalb Hektar großen ummauerten Garten mit den vielen ausgedehnten Rabatten spielen Blumen eine wichtige Rolle. Ein Viertel der Fläche ist formal gestaltet, mit einer Reihe quadratischer buchsgesäumter Beete, die Gemüse und Blumen in kunstvoller Mischung enthalten. Außerdem gibt es reine Schnittblumenbeete, die sehr pflegeintensiv sind. Jedes Jahr testen die Gärtner Dutzende Schnittblumen, wie Gladiolen, Dahlien, Tulpen und diverse Einjährige. Und jeden Montag wandern 25 bis 30 Eimer Blumen ins Haus und freitags fürs Wochenende häufig sogar noch mehr.

Parham schmiegt sich in ein Tal in den Hügeln der South Downs. Im Schnittblumengarten gibt es zahlreiche Dahlien- und Gladiolensorten. Man beachte das Netz von Schnüren zur Bändigung widerspenstiger Stiele. Umgedrehte strohgefüllte Blumentöpfe sind eine bewährte Methode, um Ohrkneifer zu fangen, die Dahlien kahlfressen. Wenn man das Stroh regelmäßig erneuert, kann man die Tierchen dort einsetzen, wo sie gebraucht werden.

OBEN, VON LINKS NACH RECHTS Pinkschattierungen: *Gladiolus* 'Invitate'. Grelle Orangetöne: *Gladiolus* 'Traderhorn' und 'Peche Melba'. Pflaumenrote *Gladiolus* 'Bimbo'.

RECHTS Blumen pflücken: Die Nummern auf den Töpfen geben Auskunft über das Ergebnis der Sortentests.

RECHTE SEITE Exquisite Gestecke aus Gartenblumen, darunter Gladiolen, Rittersporne und Zinnien, außerdem Dahlien, Kosmeen, Inkalilien und Chrysanthemen.

11 IM ÜBERBLICK: RASEN

„Ich werde mich bald wieder erholt haben“, sagt Fanny Price in Jane Austens Roman *Mansfield Park*. „An einem so schönen Tag im Schatten zu sitzen und auf tiefes Grün zu blicken ist die beste Erfrischung.“

Der Rasen, wie wir ihn kennen, geht auf die Wildparks zurück, die von den jagdverrückten normannischen Eroberern nach 1066 angelegt wurden (siehe S. 95). Dort gab es zwischen den Waldstücken offene Räume, wo Tiere Wildgräser und -kräuter fraßen. Die Normannen nannten diese Weidegebiete *laundes*, und ein Park, in dem neben Wildtieren auch Schafe und Rinder grasten, verfügte normalerweise über recht umfangreiche Flächen dieser Art.

Gervase Markham (ca. 1568–1637) sprach von der Schönheit und Anmut der Parks, die eine kunstvoll komponierte Mischung aus „Aussicht, Lichtungen *[lawnde]* und Dickicht“ zu sein hatten (wobei das Dickicht aus Wäldern und Feldgehölzen bestand, wo sich „wilde Tiere“ aufhielten). Zu Markhams Lebzeiten wurde auch das Bowlingspiel erfunden. Es erforderte eine Freifläche – mittlerweile ein Bestandteil von Gärten *und* Parks – aus gutem, sorgfältig geschnittenem Rasen. Francis Bacon, dessen Essay „Über Gärten“ von 1625 wir eine ausführliche Beschreibung fürstlicher Gartenanlagen verdanken, empfiehlt im „grünen“ Teil des Gartens sorgfältig gemähten Rasen: „... weil nichts dem Auge wohltuender ist als wohlgeschorenes grünes Gras“. Die formellen Grasflächen dieser Zeit sind angenehme, luftige Bereiche zwischen intensiver bewirtschafteten Flächen und künstlich angelegten Heide- und Wildnislandschaften.

Rasen musste ursprünglich aus der freien Natur geholt werden. Auf den sauren, nährstoffarmen Böden natürlicher Heidelandschaften gedeihen auch sehr feine Gräser, die ideal sind für die Anlage eines Rasens. Heide galt deshalb als beste Quelle für einen Rasen, der dann durch „Mähen und Walzen“ kurz gehalten wurde. Da Rasenmäher noch nicht erfunden waren, mussten die ausgedehnten Grasflächen in den Gärten und Parks des 17. und 18. Jahrhunderts mit Sensen kurz gehalten werden. Charles Quest-Ritson, Autor zahlreicher Gartenbücher, meint dazu: „Es war eine harte und anstrengende Arbeit, die man am besten sehr früh am Morgen erledigte, wenn das Gras nass von Tau war. Auf großen Anwesen arbeiteten mehrere Gartenarbeiter gemeinsam, um Rasen und Grasflächen kurz zu halten. Sie wurden nicht gut bezahlt, als angelernte

Ein Mann, ein Rasen: Das quadratische Rasenstück vor dem Lincoln College in Oxford erhält regelmäßig seinen Schnitt. Um das Schachbrettmuster zu erzielen, wird das Gras zuerst von einer Seite zur anderen und dann im rechten Winkel dazu gemäht.

OBEN Im viktorianischen Garten von Tortworth Court in Gloucestershire mäht ein Gärtner den Rasen einer Böschung mit einer scharfen Sense (Foto: um 1899).

UNTEN Spains Hall in Essex: Ein Junge führt den Esel, der die PS für den Rasenmäher liefert, während ein Gärtner die Richtung angibt (Foto: um 1900).

RECHTS Die Parkanlage von Lilleshall Hall in Shropshire 1898: Die aus Tausenden Pflanzen bestehenden Blumenbeete sind in konzentrischen Kreisen angelegt. Dazwischen wird mit einer Pferdestärke gearbeitet, allerdings lenkt der Gärtner hier sowohl das Pony als auch den Rasenmäher.

Arbeiter behandelt und rangierten unter den Gärtnern." Frauen halfen, indem sie den Rasenschnitt zusammenrechten und in Körbe füllten.

In *Hints on Ornamental Gardening* (1823) definiert John B. Papworth den Rasen als „den Teil der Grasfläche zwischen Haus und Weide, der ständig gemäht wird und einen grünen Teppich bildet, auf dem das Gebäude steht ... Der Rasen ist von der Weide normalerweise durch einen leichten Eisenzaun getrennt – von Parks durch einen Ha-Ha oder einen versenkten Zaun." Wann der Ha-Ha (siehe S. 210–211) erfunden wurde oder seinen Namen erhielt, weiß niemand genau, doch es gab ihn schon lange, bevor Horace Walpole seine Entwicklung William Kent zuschrieb. Unverkennbar ist allerdings, dass mittelalterliche Zaunanlagen seine Vorläufer waren.

Papworth hatte wenig übrig für den armen Sense schwingenden Arbeiter, der mit schwerem Gerät schon bei Tagesanbruch schuftete, und verstand nicht, dass das Blatt ständig geschärft werden musste. Er beschwerte sich über die „dumme Angewohnheit des Arbeiters, durch den häufigen Gebrauch von Sandstein beim Schärfen seiner Sense auf sein Treiben aufmerksam zu machen, in der Regel auch noch des Morgens, wenn solcher Lärm eine Belästigung darstellt." Aus dem Schlaf gerissen zu werden war der Preis, den man für einen modischen, sich bis zum Haus erstreckenden Rasen zu zahlen hatte – allerdings nur ein paar Jahre lang. Dann nämlich erfand Edwin Budding 1830 den Spindelmäher. Budding, der als Ingenieur im Textilhandel tätig war, kam eines Tages auf den Gedanken, dass die Schneidzylinder, mit denen die Oberfläche von Stoffen geglättet wurde, ebenso gut für den Rasenschnitt einsetzbar waren – ein Geistesblitz, von dem jeder Erfinder träumt.

Buddings Verkaufsargumente waren überzeugend: „Gras, das im Schatten wächst und zu biegsam für die Sense ist, lässt sich mit dieser Maschine so sorgfältig wie erforderlich schneiden, und dem Auge bleiben die kreisförmigen Muster, Unebenheiten und kahlen Stellen, die beim Sensen so oft entstehen und mehrere Tage lang sichtbar sind, erspart." Budding erkannte darüber hinaus, wie vorteilhaft es war, seinen Rasenmäher als „Männerspielzeug" zu vermarkten: „Gentlemen vom Land, die die Maschine eigenhändig bedienen, werden finden, dass diese Beschäftigung zugleich eine amüsante, nützliche und gesunde Form der Körperertüchtigung darstellt." Noch hatte der Rasenmäher keinen Motor, und bei der Vermarktung von Folgemodellen im Verlauf des 19. Jahrhunderts hatte man auch die Frauen im Blick. Die Marke „Multum in Parvo" wurde mit Schnittblättern in mindestens sechs Größen angeboten; das zierlichste Modell war 15 Zentimeter breit.

Außerdem wurden Rasenmäher für größere Flächen entwickelt, die von Ponys oder Eseln gezogen wurden. Man entwarf besohlte Lederstiefel für die Tiere, um Hufabdrücke im Rasen zu vermeiden. Damals wie heute gilt: Je mehr Messer, desto genauer der Schnitt. An Buddings vor fast 200 Jahren

LINKS UND RECHTS Immer enger werdende Kreise: Zwei Ansichten des traumhaft schönen Rasenvierecks des Oxforder Worcester College.

LINKS UNTEN An einer Seite des Eingangshofs von Westwell Manor in Oxfordshire versteckt sich eine sorgfältig gemähte, von Formschnittgehölzen bewachte Rasenspirale.

LINKS Eine Partie Krocket auf dem Rasen des Bischofspalasts bei der Kathedrale von Wells (siehe S. 63).

RECHTS Das Glyndebourne-Opernhaus in East Sussex unterbricht seine Aufführungen für eine neunzigminütige Picknickpause. Die weitläufigen Rasenflächen und Gärten bieten dem Publikum viele Möglichkeiten, sich niederzulassen und die Champagnerflaschen zu öffnen.

RECHTS UNTEN Tennisplätze mit Echtrasen sind sehr pflegeintensiv und deshalb selten. Dieser hier gehört zum Manor House in Upton Grey (siehe S. 275).

entwickelter Spindel hat sich bis heute nicht viel verändert. In Sportstadien, auf Golf- und Rasentennisplätzen sowie in privaten Gärten, deren Grün der ganze Stolz ihrer Besitzer ist, kommen Spindelmäher noch immer zum Einsatz.

Zum Besten, was der englische Sommer zu bieten hat, gehört die Geselligkeit auf Rasenflächen: Gartenfeste und Dorfversammlungen, Hochzeiten, Teetrinken im Freien am Tag der offenen Gartenpforte sowie Open-Air-Events mit Picknick. Letztere gibt es zwar schon lange, aber zur Kunstform erhoben wurden sie erst vom Opernhaus in Glyndebourne in East Sussex. In den Sommermonaten ist der Besuch des dortigen Opernfestivals ein großartiger Vorwand für einen Ausflug aufs Land, um in einer herrlichen Umgebung inmitten der sanften von Schafen beweideten Hügel der South Downs dem Kulturgenuss zu frönen. Die Opernaufführung beginnt am frühen Nachmittag und wird bei passender Gelegenheit für ein Picknick im Park unterbrochen.

Glyndebourne hat auch einen Krocketrasen, doch für die Festivalbesuche ist er tabu. Damit den Mitgliedern des Ensembles (beteiligt sind das London Philharmonic Orchestra und das Orchestra of the Age of Enlightenment) die Picknickpause nicht zu lang wird, entspannen sie sich währenddessen beim Krocketspiel. Diese bis heute lebendige Tradition geht auf den Gründer des Festivals, John Christie (1882–1962), zurück.

Dass die Engländer – schon sehr lange – eine innige Zuneigung zu ihrem Rasen pflegen, ist eine Tatsache. Gegen Ende des Viktorianischen Zeitalters reisten wohlhabende Engländer im Oktober an die französische Riviera, um in der milden Luft einer Infektion mit Tuberkulose, die in dieser Zeit weit verbreitet und unheilbar war, zu entgehen oder ihre Symptome zu lindern. Ihren Rasen ließen sie aufrollen wie einen Teppich und sandten ihn voraus in ihr Winterquartier. Für den weichen englischen Rasen war das eine Reise ohne Wiederkehr, denn den Sommer am Mittelmeer überlebte er nicht.

Heute ist englischer Rasen manchen Umweltenthusiasten ein Dorn im Auge, weil sie nicht verstehen, wofür Rasenflächen gut sein sollen. Ein Gartenrasen hat jedoch seine Existenzberechtigung, und zwar nicht nur als Augenweide oder Spielplatz: Er ist ein eigenständiges Ökosystem und von enormem Nutzen für hungrige Vögel, insbesondere Stare (deren Population in Großbritannien stark zurückgeht), Amseln, Spechte und Drosseln. Die aus Millionen winziger Pflanzen zusammengesetzten Rasenflächen produzieren Sauerstoff und absorbieren Kohlendioxid, leiten Wasser in den Boden, wo es gespeichert wird, verhindern die Bodenerosion, absorbieren Schadstoffe und bauen sie ab. An heißen Tagen ist eine „atmende" Rasenfläche kühler als Pflaster, und Rasen braucht auch während längerer Trockenperioden keine Bewässerung. So strohig er nach einem ungewöhnlich trockenen Sommer auch aussehen mag: Sobald es wieder zu regnen beginnt, erwacht ein englischer Rasen zu neuem Leben. Und als Pfad, der wie ein weicher Teppich durch den Garten führt, sucht er seinesgleichen.

LINKS, IM UHRZEIGERSINN So unterschiedlich kann Rasen aussehen: Trittsteine weisen den Weg zur Kirche Old Vicarage in Rickling, Essex (2003). Rasenstufen bei Dartington Hall in Devon. In diesem cornischen Cottage-Garten dient der Rasenpfad als ruhiger Kontrast für die leuchtend bunten Rabatten. Ein gemähter Pfad führt durch die Wiese von Wretham Lodge in Norfolk (2015).

RECHTS Ein tadellos ordentlicher Wendekreis: Der Kiesweg umgibt akkurat die runde Rasenfläche mit bodendeckendem Storchschnabel *(Geranium macrorrhizum)* im Zentrum.

Aha! So ist das mit dem Ha-Ha:

LINKS Eine Steinmauer begrenzt die höhergelegene Rasenfläche von Bryan's Ground in Wales.

LINKS UNTEN Der Ha-Ha ist nicht zu sehen, aber er ist da, und zwar dort, wo der gestreifte Rasen aufhört. In Holdenby Hall verhindert er, dass die eleganten Weißen Parkrinder hinüberspazieren und in die Fenster spähen.

RECHTS Ein Ha-Ha ist wie ein Infinity Pool aus Gras: Von innen kann man nicht sehen, wo er endet. Aber der Graben hindert das Weidevieh, den Rasen zu betreten.

12 ARTS-AND-CRAFTS-GÄRTEN

Von William Morris (1834–1896), einem der Gründer der Arts-and-Crafts-Bewegung des späten 19. Jahrhunderts, ist der Ausspruch überliefert: „Nehmen Sie nichts in Ihr Haus auf, das nicht entweder nützlich oder aber für Sie schön anzusehen ist." Ein wunderbares Motto für ein Leben ohne überflüssigen Kram. Heute empfiehlt die japanische Aufräumexpertin Marie Kondo genau das Gleiche, und wie die Millionen verkauften Exemplare ihres Buchs *Magic Cleaning* mit seinem morrisartigen Mantra „Macht Sie das glücklich?" in über 30 Ländern und die darauf basierende, super erfolgreiche Netflix-Serie von 2019 zeigen, trifft das offenbar bei vielen einen Nerv.

Auch wenn Arts-and-Crafts-Interieurs nach heutigen Maßstäben nicht ganz minimalistisch waren, ging es der Bewegung doch u. a. darum, die überladenen viktorianischen Häuser und Gärten zu entrümpeln und dabei die Natur als Richtschnur zu nehmen. Sie war das zeitgemäße Korrektiv gegen den Siegeszug der Massenproduktion, die mit der industriellen Revolution des beginnenden 19. Jahrhunderts aufgekommen war. Die Devise „Masse statt Klasse" setzte sich im Zuge der intensiven Fabrikproduktion und billigen Importe aus dem weltumspannenden Empire durch. Damit einher ging der Niedergang des Handwerks, vor allem in den Städten, die aufgrund des Bevölkerungswachstums und der damit verbundenen boomenden Wirtschaft aus allen Nähten platzten.

Ideologisch auf einer Linie mit den präraffaelitischen Malern, waren Arts-and-Crafts-Pioniere wie William Morris und John Ruskin Idealisten und Sozialreformer, die fanden, dass Natur, Kunst und Gesellschaft ineinandergreifen sollten. Jahrhundertelang weitergegebenes handwerkliches Know-how drohte verloren zu gehen – war es da nicht angemessen, sich „zurück zur Natur" zu wenden und Gegenstände zu benutzen, die mit Sorgfalt und Geschick von Hand hergestellt worden waren? Handgefertigte Dinge waren allerdings damals wie heute teuer, sodass die Bevölkerungsgruppen, die Morris und seine Freunde unterstützen wollten, sie sich nicht leisten konnten. So gehörte denn auch das reine Arts-and-Crafts-Haus samt Garten in Standen, Sussex, mit seinen kompletten Morris-Interieurs einem wohlhabenden Londoner Anwalt, James Beale.

Die wichtigsten Vertreter des Arts-and-Crafts-Gartenstils waren Gertrude Jekyll (S. 219) und William Robinson (S. 177), beide produktive und einflussreiche Gartenautoren, Letzterer außerdem ein äußerst erfolgreicher Verleger

Bodenständige Ästhetik, regionale Materialien und solide Handwerkskunst – drei Merkmale des Arts-and-Crafts-Stils, den *Country Life* von Anfang an unterstützte. Hier erfreut ein viktorianisches Tor im ummauerten Garten von Stow Hall in Norfolk das Auge.

RECHTE SEITE Wechselseitige Befruchtung: Die Arts-and-Crafts-Ästhetik holte die Architektur des Hauses in den Garten und Inspirationen aus dem Garten, wie z. B. Blumenmotive, ins Haus.

IM UHRZEIGERSINN Eine Armillarsphären-Sonnenuhr im Arts-and-Crafts-Garten von Kellie Castle in Fife. Rosendekor in einem Fenster. Symmetrische Gestaltung im Arts-and-Crafts-Stil mit Pergola, Rinne und Becken. Auf Blackwell in Cumbria holen Buntglastulpen und -vögel den Garten ins Interieur.

von Gartenbüchern und -zeitschriften. Robinson lebte fast in Sichtweite von Standen auf einem Hügel und wurde von Beales Ehefrau Margaret gebeten, sie bei der Bepflanzung des fast fünf Hektar großen Grundstücks um das von Morris' Freund Philip Webb entworfene Haus zu beraten. Mit seinen Terrassen, geraden Wegen, quadratischen Sektionen und handgearbeiteten Eichentoren – elegante Versionen des traditionellen Sussex-Hoftors – ist Standen ein Arts-and-Crafts-Garten durch und durch, den der National Trust inzwischen schön restauriert hat. Außerdem gehört dazu eine weitere zeittypische Besonderheit: ein japanischer Garten bzw. eine englische Interpretation davon.

In der Edo-Zeit hatte Japan sich zwei Jahrhunderte lang von der Außenwelt abgeschottet und öffnete sich erst ab Mitte des 19. Jahrhunderts allmählich. Ab den 1860er-Jahren setzte der Handel mit dem Westen wieder ein. Vertreter des Arts-and-Crafts-Stils bewunderten an Japans Design und Kultur nicht allein deren Unverbrauchtheit, sondern auch, dass sie von den Verderbtheiten der industrialisierten Welt unberührt waren. Zudem waren die Pflanzen, die nach und nach aus dem fernöstlichen Land eintrafen, einfach herrlich! Veitch's Nursery verkaufte schon ab den 1860ern japanische Importe, und später gründete V. N. Gauntlett in Chiddingfold, Surrey, seine „Japanese Nurseries", die Ahorne, Magnolien, Kirschen, Pfingstrosen und Bambus anboten. Josiah Conders *Landscape Gardening in Japan* (1893) enthielt Tipps für ihre Platzierung, und „Yokohama Nursery" vertrieb einen englischsprachigen Katalog seiner „50 neuesten, seltensten" Sorten der Japanischen Sumpf-Schwertlilie. Der Architekt und Gärtner Harold Peto brach in den späten 1890ern nach Japan auf und übernahm japanische Elemente in einige seiner Arts-and-Crafts-Gärten.

Country Life hat sich stets für Arts-and-Crafts-Häuser und -gärten starkgemacht, vor allem für Edwin Lutyens' Werk, aber auch das anderer. Henry (Harry) Avray Tipping, ein enger Freund von Harold Peto, schuf nacheinander drei Arts-and-Crafts-Gärten um seine eigenen Häuser, zuletzt auf High Glanau Manor. Diesen Garten haben seine derzeitigen Besitzer Hilary und Helena Gerrish kürzlich exzellent restauriert.

Die Gärten dieses Kapitels weisen in puncto Entwurf und Details Arts-and-Crafts-Merkmale auf, stammen aber nicht alle aus jener Epoche. In modernisierter Form ist der Stil noch heute beliebt, vor allem in den Hochburgen der Bewegung in Sussex und den Cotswolds, wie etwa der Garten von Temple Guiting Manor zeigt, für den Gartengestalterin Jinny Blom und Architekt Ptolemy Dean bei Gartenliebhabern und in der Fachwelt viel Anerkennung erhielten.

LINKS Munstead Orchard, das Lutyens-Cottage, das 1898 auf dem Grundstück von Gertrude Jekylls Haus Munstead Wood für ihren Gärtner erbaut wurde.

DIESE SEITE, IM UHRZEIGERSINN
Goddards, eines von Lutyens' bedeutendsten frühen Häusern (1898–1900), mit von Gertrude Jekyll bepflanztem Mosaikpflaster-Hof (Foto von ca. 1903). Der Lutyens-Garten von Papillon Hall, ca. 1912 (zerstört 1950). Garten und Pergola (beide von Lutyens entworfen) im Deanery Garden in Berkshire (um 1903).

MUNSTEAD WOOD

SURREY

Der berühmte experimentelle Garten von Gertrude Jekyll ist ein lebendes Beispiel für Design und Methoden der erfolgreichen Autorin

Gertrude Jekylls Beitrag zu Gartenliteratur und -journalismus sowie zum Gärtnern selbst ist umfassend und fruchtbar. Mehr als 50 Jahre lang begleitete sie ihre Leser (ab 1900 vor allem die von *Country Life*) durch sämtliche Stadien der Gartenplanung und veröffentlichte einige der Pflanzpläne, die sie in ihren eigenen Gärten und denen ihrer Kunden umgesetzt hatte.

Als Künstlerin und begabte Gärtnerin mit langjähriger Erfahrung speiste sich Jekylls Schreiben aus einem beträchtlichen Wissensschatz und großem Selbstbewusstsein. Sie war auch eine eifrige frühe Fotografin, und ihre Aufnahmen sowie die anderer führten den Leserinnen und Lesern die beeindruckenden Ergebnisse ihrer Pflanzpläne – ob für Frühling, Sommer oder Herbst – anschaulich vor Augen.

Das erste Kapitel ihres Buchs *Home and Garden* (1900) beginnt voller Wärme und Empathie: „Geschieht es oft, dass Leute, die erst vor anderthalb Jahren in ein neues Haus gezogen sind, den Eindruck haben, sie hätten noch nie woanders gewohnt? Ich weiß nicht, wie es anderen geht, aber mein eigenes kleines, neues Haus ist so beruhigend und angenehm, dass es mir genau so vorkommt." Jekyll spricht hier von Munstead Wood, ihr aus lokaler Eiche und dem regionalen honiggelben Sandstein erbautes Haus, das sie im Oktober 1897 bezog. Geplant hatte es der junge Architekt Edwin Lutyens, den sie seit ihrer ersten Begegnung 1889 protegierte. Sie lebte dort 35 Jahre bis zu ihrem Tod im Dezember 1932. Von Anfang an genoss ihr Zuhause große Bekanntheit, aber vielbeschäftigt, wie sie war, empfing sie nur wenige Besucher und duldete selten Störungen. Auf Munstead war sie überaus kreativ, äußerst tatkräftig (obwohl bei Einzug bereits Mitte 50) und durchaus geschäftstüchtig; heute würde man sie vielleicht als Workaholic bezeichnen.

In ihrem neuen Heim perfektionierte sie ihre Farbtheorien für die Bepflanzung von Rabatten, entwarf Hunderte Beete und Gärten für Kunden und stellte, soweit ihre eingeschränkte Sehkraft es zuließ, schöne kunstgewerbliche Arbeiten her. Ihrer zunehmenden Kurzsichtigkeit zum Trotz war sie ungemein produktiv. Sie veröffentlichte Hunderte Zeitschriftenartikel (darunter fast 30 Jahre lang regelmäßig Beiträge für *Country Life*) und betrieb eine Gärtnerei: Die Pflanzen zog sie fernab des Ziergartens und verkaufte sie in einem kleinen Blumenzimmer auf der Nordseite des Hauses.

Begonnen hatte Jekyll mit der Anlage ihres Gartens schon lange, bevor sie ins Haus einziehen konnte. Anfang der 1880er-Jahre hatte ihre Familie ihr ein sechs Hektar großes Grundstück mit überwiegend Heide und Wald für die Fortsetzung ihrer Gartenexperimente gekauft, für die zu Hause kein Platz mehr war. Lutyens musste das neue Haus daher in einen existierenden Garten einfügen – ein eher ungewöhnlicher Auftrag. Da Jekyll aber schon einen Bereich für das Haus auserkoren und klare Vorstellungen davon hatte, wie es aussehen und welchen Komfort es bieten sollte, passte am Ende alles recht gut zueinander.

Eine seltene Farbfotografie im Autochromverfahren von etwa 1912 zeigt Gertrude Jekylls hellen Schwertlilien-und-Lupinen-Garten auf Munstead Wood, durch dessen Mitte ein einfacher Weg führt. Den holzverschalten Speicher nutzte Jekyll für ihre Gärtnerei und als Saatgutlager.

LINKS Gertrude Jekyll im Frühlingsgarten von Munstead Wood (Foto, 1918).

RECHTS, IM UHRZEIGERSINN
Autochrome von Jekylls Garten auf Munstead Wood (ca. 1912): Blaue Klematis und Kugeldisteln *(Echinops ritro)* zwischen silbergrauen und weißen Pflanzen im Grey Garden. Tor zum Frühlingsgarten. Mittelmeer-Wolfsmilch und Yuccas im Frühlingsgarten. Die Herbstaster-Rabatte. Der rote Abschnitt der Hauptrabatte.

VORHERIGE DOPPELSEITE Das Haus von Munstead Wood, vom Waldgarten aus gesehen.

LINKS Eingang zu Jekylls „Gartenladen“.

OBEN Wasserreservoir und Steinterrasse.

OBEN RECHTS Blick vom Garten auf den North Court des in den 1890ern von Lutyens erbauten Hauses.

Die Front des Hauses liegt etwas zurückgesetzt an einer ruhigen, kleinen Straße zwischen Bäumen und ist fast ganz von Eichen-, Birken-, Kastanien- und Kiefernwäldern umgeben. Ein lang gezogener Rasen südlich des Hauses knickt nach Westen ab und verbreitert sich danach. Jekylls Waldgarten mit seinen farbenfrohen Rhododendren und Genter Azaleen geht Richtung Süden, während die stärker gestalteten Bereiche sich nördlich und westlich des Hauses befinden. Jekylls berühmte farblich abgestufte Sommerblumenrabatte (4,3 × 55 Meter) liegt am westlichen Rand des Gartens vor einer hohen Steinmauer. Durch ein Bogentor in dieser Mauer gelangt man in den Frühlingsgarten, und dahinter ist der Bereich, wo früher Gärtnerei und Küchengarten untergebracht waren.

Über ihre berühmte Blumenrabatte schrieb Jekyll: „Sie hat ein klares Farbschema: An den Enden ist sie blau, weiß und blassgelb bzw. violett, weiß und rosa, jeweils mit grauen Blättern; dann entwickelt sich die Farbe von beiden Enden über Gelb und Orange zu herrlichen intensiven Rottönen in der Mitte." Zum Glück existieren noch ein paar rare etwa 1912 von *Country Life* im Autochromverfahren angefertigte Farbfotografien, die die Rabatte genau so zeigen, wie Jekyll sie geplant hat, und die sich bei der Restaurierung dieses und anderer Bereiche des Gartens als sehr nützlich erwiesen haben.

Der Frühlingsgarten hinter der Mauer wurde in den 1890ern angelegt und war ausschließlich Pflanzen gewidmet, die im April oder Mai blühen. Die Autochrome fangen ihre sanften Frühlingsfarben ein, die Jekyll detailliert beschrieb, nämlich blassgelbe Primeln und Narzissen, Goldlack und Tulpen in Violetttönen und kräftiger orange- und scharlachrote Tulpen vorm matten Dunkelgrün der Eiben.

„Hätte ich mehr Platz und könnte mehr Geld in meinen Garten stecken, hätte ich getrennte Bereiche für viele schöne Pflanzen", schrieb sie in *Home and Garden*. „Aber unter den gegebenen Umständen muss ich mich mit Gärten für Primeln bzw. Pfingstrosen bzw. Herbstastern begnügen." Es gab auch Beete für Stiefmütterchen, Sommerastern, Schwertlilien, Lupinen, Narzissen und Maiglöckchen sowie weitere Versuchsbeete. Näher am Haus liegen ihr Haselnussweg und ein Bereich mit ihren speziellen Primelsorten (die inzwischen wieder gut gedeihen).

Aufgrund des fortgeschrittenen Alters ihrer Besitzer und rückläufiger Geldmittel verfallen einst großartige Gärten oftmals nach und nach. Auf Munstead Wood wucherte einiges zu, und nach dem Zweiten Weltkrieg wurden Randbereiche des Gartens und Nebengebäude, wie z. B. das Gärtner-Cottage und Jekylls ehemalige Werkstatt, verkauft. Aber große Teile haben überlebt und sind heute wieder in hervorragendem Zustand, da die Besitzer mehrere Jahrzehnte lang einfühlsam restauriert haben, in den letzten Jahren tatkräftig unterstützt von Chefgärtnerin Annabel Watts, einer Expertin für Jekyll, die Arts-and-Crafts-Bewegung und deren Künstler.

PERRYCROFT

HEREFORDSHIRE

Zu dem kurz vor 1900 nach einem Entwurf des Architekten C. F. A. Voysey erbauten Haus gehört ein wunderbar restaurierter Garten

Die Malvern Hills, eine als „Area of Outstanding Natural Beauty" klassifizierte Landschaft am westlichen Rand Mittelenglands, sind ein etwa 13 Kilometer langer Höhenzug mit vielen Berghöckern. Abgesehen von größeren Wald-, Acker- und Moorflächen gibt es hier wie im nahen Wales einige der ältesten Felsformationen der Britischen Inseln und einige der malerischsten Landschaften. Schon lange zieht die Gegend Künstler und Musiker an, aber auch Wanderer und archäologisch Interessierte. Auf einer der Kuppen liegen die Reste des British Camp, einer bedeutenden, großen eisenzeitlichen Hügelfestung, die wahrscheinlich bis zur römischen Besatzung genutzt wurde.

Dieses alte Fort ist der auffallende Blickfang, den man vom schönen Arts-and-Crafts-Haus und Garten von Perrycroft jenseits eines Tals liegen sieht. Der Architekt des 1895 fertiggestellten ländlichen Rückzugsorts von John William Wilson, einem Industriellen und liberalen Parlamentsabgeordneten, war C. F. A. Voysey, einer der gefragtesten Baumeister der 1890er-Jahre. Der Rauputzbau hockt auf dem abgeflachten Teil eines Hangs. Davor liegen, in nördlicher Richtung, ein großer ebener Hof und ein sonnendurchfluteter, nach Westen und Süden deutlich abfallender Garten.

Bis die derzeitigen Besitzer Mark und Gillian Archer Perrycroft 1999 kauften, war das Haus 30 Jahre lang Wohnheim einer christlichen Jugendorganisation.

LINKS Der Garten von Perrycroft. Hinter der hohen Eibenhecke das von C. F. A. Voysey entworfene Haus.

RECHTS Voysey strich architektonische Details und die Holzelemente ums Haus in „Light Brunswick Green", was die heutigen Besitzer aufgegriffen haben. Die Farbe orientiert sich am Grün des jungen Laubs und Grases und bettet das Haus so in den Garten ein.

Obwohl man die Inneneinrichtung teilweise deren Bedürfnissen angepasst hatte, waren noch viele von Voyseys Gestaltungselementen erhalten, sodass Perrycroft für engagierte Eigentümer wie die Archers ein Traumprojekt darstellte. Mark Archer ist Kassenführer der Society for the Protection of Ancient Buildings und Gillian Archer Designerin und Restauratorin historischer Stoffe, die auch für den National Trust gearbeitet hat. Beide haben ein gutes Auge fürs historische Detail, das sich überall bemerkbar macht. Besonders stolz sind sie, dass es ihnen gelungen ist, das originale „Light Brunswick Green" zu analysieren und wieder neu anzumischen, das Voysey ausgesucht und als perfekt „zu den Grüntönen der Bäume und Hügel in der Umgebung" bezeichnet hatte. Dieser besondere Farbton, in dem die Fenster sowie andere Holz- und Metallteile gestrichen wurden, ersetzt nun wieder die vorher verwendete schwarze Lackfarbe und harmoniert wunderbar mit dem Frühlingsgrün des frischen Grases, der Tulpen und des makellosen jungen Laubs.

Aus einem von Voysey zum Raucherraum bestimmten Zimmer geht es in die grün möblierte Veranda und von da auf eine schmale Terrasse, die sich an der breiten Südfassade des Hauses entlangzieht. Dort beginnt ein relativ steiler Hang: Über eine Wildblumenwiese geht es hinab zu einem Wald-und-Wasser-Garten mit natürlicher Quelle. Ein poetischer Ort frei nach Andrew Marvells „Zu grünem Sinn in grüner Nacht", wo sich vielleicht „grüne Gedanken" spinnen lassen, wenn man auf einem der soliden vom Arts-and-Crafts-Stil inspirierten Gartenmöbel aus Eiche verweilt, die Gillian Archer für diesen Ort entworfen hat.

Weitaus intensiver gegärtnert wird westlich des Hauses. Da wurde auf einer stufigen Terrasse ein Kräutergarten mit Heiligenkraut- und Lavendelkarrees angelegt. Und dahinter macht sich wieder das Auf und Ab des Grundstücks bemerkbar: Westlich des Hauses führt ein gerader Weg mitten durch eine perfekt restaurierte Formschnitthecke aus Eiben zur Gartenmauer mit einem von Voysey entworfenen Tor am hinteren Ende. Dazwischen liegen paarweise angeordnete in Rasen gesetzte, buchsgesäumte, exakt quadratische Beete, die von Formschnitt-Eibenkegeln am Wegesrand akzentuiert werden. Auf den Beeten wachsen viele schöne Stauden und Gillian Archers Sammlung alter Rosen, ein herrlicher Anblick, den die Hanglage des nach Süden und Westen abfallenden Geländes noch verstärkt.

Voysey zeichnete einen Plan des Gartens, und hier ist er, der Garten, bestens restauriert und weiterentwickelt, mit Respekt vor seinem Arts-and-Crafts-Ursprung und Mut zu schwungvoller und farbenfroher Bepflanzung – dank der besten heutigen Stauden und hier und da vertrauten alten Klassikern, die die üppige Atmosphäre eines schönen alten englischen Gartens vermitteln.

Das Haus fügt sich perfekt in seine hügelige Umgebung ein – wie vom Architekten vor über hundert Jahren geplant und von seinen jetzigen Besitzern respektvoll umgesetzt.

LINKS Blick vom Haus auf eine der hohen Eibenhecken mit ihren sorgfältig geschnittenen „Stützpfeilern“.

RECHTS Der restaurierte Hauptgarten, so wie Voysey ihn entwarf. Er fällt zu zwei Richtungen hin ab und gewährt so herrliche Waldblicke.

RECHTS UNTEN Den Wald-und-Wasser-Garten weiter unten speist eine natürliche Quelle.

SISSINGHURST CASTLE

KENT

Der berühmte Garten von Vita Sackville-West, über den sie viele Jahre lang wöchentlich eine Kolumne verfasste, womit sie ihm Kultstatus verlieh

2013 passierte in Sissinghurst etwas, das die Menschen aufwühlte, in Zeitungen diskutiert wurde und viele dazu brachte, Partei zu ergreifen: Nach mehr als 50 Jahren (bzw. 80, wenn man die Besitzerin mitrechnet), in denen im Garten von Sissinghurst Gärtnerinnen zuständig waren, hatte der National Trust einen Mann zum Chefgärtner gemacht.

Der Trust hätte keinen besseren Griff tun können. Und doch verärgerte die Anstellung von Troy Scott Smith einige Traditionalisten, deren Ansichten ebenso unabänderlich zu sein schienen wie manche Bereiche des Gartens. Genau das war das Problem. Der weltweit Kultstatus genießende Garten war den Vorgaben des Trust und der Professionalität der Belegschaft entsprechend einwandfrei erhalten worden. Im Zeitalter der sozialen Medien aber war „etwas anderes" gefordert. Was zählt, sind die Besucher. Was in dieser Liga zählt, ist Status. Viele andere renommierte Gärten entwickelten sich weiter, blieben spannend, hielten sich dabei in etwa an die Visionen ihrer Schöpfer *und* zogen die Massen an. Die Erkenntnis, dass dieses „etwas andere" fehlte, und Ideen dazu, wie es aussehen könnte, brachte zufällig Smith mit, und er war zufällig ein Mann. Sein Ansatz ist von Sensibilität und Respekt geprägt und zielt darauf, den Garten atmen zu lassen, die Bepflanzung aufzufrischen und ihn zu einem romantischen, unbedingt sehenswerten Ort zu machen.

Dass Sissinghurst einen solchen Kultstatus genießt, hat natürlich stark mit ihm selbst zu tun: Die souveräne Gestaltung mit „Räumen" und „Korridoren" ist in schönster Arts-and-Crafts-Manier gut durchdacht und wohlproportioniert.

LINKS Die Türme von Sissinghurst Castle, vom Cottage-Garten aus gesehen. Dessen spitz beschnittene Säuleneiben greifen die senkrechten Linien des Schlosses auf. Hier blühen im Sommer z. B. Taglilien, blassgelbe Wiesenraute, Königskerze und tiefgoldene Fackellilien.

RECHTS Blick von einer schlicht grünen Kreisfläche („Rondel") auf eine akkurat gerahmte Statue.

LINKS OBEN Der Weiße Garten mit seinen verschiedenen Strukturen und Variationen von Weiß-, Grün-, Silber- und Cremetönen. Den zentralen Bogen berankt eine *Rosa mulliganii*.

LINKS Im hohen Gras des Obstgartens stehen Obstbäume, manche davon mit Rosen berankt. Das kleine Gebäude mit Ziegeldach und weißer Holzverschalung erinnert an die kenttypischen steilen Hopfendarren.

RECHTS Blick vom Turm auf „Rondel“ und Rosengarten. Von oben tritt Harold Nicolsons strenger Plan deutlicher zutage.

LINKS *Rosa gallica* var. *officinalis* 'Versicolor' (oder 'Rosa mundi'), eine sehr alte aus der Tudorzeit stammende Rose.

RECHTS Dieser Weg ist im Sommer eine schöne, ruhige Symphonie von Grüntönen. Links der Obstgarten und die Wiese, am rechten Wegesrand Azaleen.

Und seine Bepflanzung war lange Zeit einfallsreich und reizvoll. Sein Ruhm hat aber auch mit der Bekanntheit seiner Schöpfer zu tun, der Schriftstellerin Victoria (Vita) Sackville-West (1892–1962) und ihres Mannes, des Diplomaten Harold Nicolson (1886–1968). Beide waren produktive Autoren, deren liebevolle Ehe, die zahlreiche homosexuelle Affären beider Partner überstand, die Menschen fasziniert.

Zwischen 1946 und 1961 verfasste Sackville-West wöchentlich eine Gartenkolumne für den *Observer*, in der sie von ihren Experimenten berichtete und ihre Leser mit lebendigen Beschreibungen von weißen Lilien, alten Rosen, Cottage-Gartenblumen und ihrem geliebten Weißen Garten unterhielt, „durch den manchmal still und leise eine gespenstische Schleiereule gleitet". Sie brachte frischen Wind und Optimismus in die triste, von Kargheit und Sparsamkeit geprägte Nachkriegszeit. Nicolson entwarf den strengen Plan mit Mauern und Hecken und war besonders stolz auf den Lindengang mit seiner Unterpflanzung aus Frühlingsblühern.

Als der Garten 1959 schließlich bestens bekannt, aber nicht mehr gepflegt war, stellte Sackville-West zwei junge Absolventinnen der angesehenen Waterperry School of Horticulture in Oxfordshire ein, Pamela Schwerdt und Sibylle Kreutzberger, die eine Menge bewirkten. Sackville-West mochte „ihre Jugend ... und ihre zünftigen Blue jeans". Außerdem „hören sie nicht auf zu arbeiten, wenn man mit ihnen spricht, was mir gefällt. Keine Zeit verschwenden." Nachdem sie 1990 in Rente gegangen waren, wurde die Tradition begabter Frauen bis zu Smiths Einstellung fortgeführt. „Ich werde eine Menge Selbstvertrauen brauchen", meinte der damals. Das hat er zum Glück.

GREAT DIXTER

EAST SUSSEX

Der vor hundert Jahren von Edwin Lutyens entworfene Landgarten blüht und gedeiht wie einst und steckt trotz seines Alters voller neuer Ideen

Zu Great Dixter am westlichen Rand des Dorfes Northiam gehören mehrere alte Wirtschaftsgebäude und ein charaktervolles großes Haus, das teils aus den 1450er-Jahren stammt. Das nur 55 Meter ü. d. M. gelegene Anwesen ist von Weideland umgeben und liegt wie so viele Tudor-Wohnstätten ganz für sich. Der Garten genießt Schutz und Privatsphäre dank der Hofgebäude und massiven, hohen Eibenhecken von beträchtlicher Länge.

Seinen Arts-and-Crafts-Charakter erhielt Great Dixter ab 1910, als Nathaniel Lloyd das Anwesen erwarb. Der Londoner Drucker war ökonomisch so erfolgreich, dass er sich mit Anfang 40 zur Ruhe setzen konnte. Klugerweise beauftragte er den brillanten jungen Architekten Edwin Lutyens damit, das existierende Haus zu renovieren und mit einem Fachwerkhaus aus dem 16. Jahrhundert zu verbinden, dessen Überreste ein paar Kilometer entfernt zerlegt und von Lutyens wieder zusammengefügt wurden. Die Giebeldächer und hohen Schornsteine, die Lutyens ergänzte, fügen sich nahtlos ins Gesamtbild ein.

Er entwarf auch den Garten, wobei nicht alle von ihm vorgesehenen Mauern gebaut wurden, weil Lloyd das Grün – und vielleicht auch die niedrigeren Kosten – von Eiben vorzog. Lloyd beteiligte sich aktiv an der Gartenplanung, gestaltete den mit Eibenskulpturen bevölkerten Rasen und, in den frühen 1920ern, den Senkgarten mit achteckigem Teich. Seine Frau Daisy war eine kundige Gärtnerin mit einer Vorliebe für Wildblumen und legte die berühmten Wildblumenwiesen an.

Hatten also schon die Lloyds einen schönen Garten geschaffen, verdankt dieser seine heutige Qualität aber vor allem ihrem jüngsten Sohn und dessen Dreifachbegabung als Gärtner, Pflanzenexperte und Autor – das perfekte Rüstzeug für jemanden, der etwas zu sagen hat und dies auf fesselnde, oft auch provokante Art tut. Nach Abschluss eines Studiums moderner Sprachen in Cambridge und dem Armeedienst im Zweiten Weltkrieg absolvierte Christopher Lloyd (1921–2006) am Wye College in Kent ein Gartenbaustudium. Nach mehrjähriger Dozententätigkeit kehrte er 1950 nach Hause zurück, entwickelte mit seiner Mutter den Garten weiter und schrieb darüber (seinen ersten Artikel, über *Lobelia cardinalis*, veröffentlichte er in der Zeitschrift *Gardening Illustrated*). Als begabter Mittdreißiger sein Metier gefunden zu haben und über einen Ort für die Realisierung seiner Ideen zu verfügen war eine glückliche Fügung.

Christopher Lloyds erstes Buch, *The Mixed Border in the Modern Garden* (1957), brachte frischen Wind in die kargen Nachkriegsjahre. Weitere Bücher und Artikel folgten und, ab 1963, seine lebendige *Country-Life*-Kolumne „In My Garden", die er über 40 Jahre lang wöchentlich publizierte. 1970 erschien sein angesehenstes und noch immer einschlägiges Buch *The Well-Tempered Garden*. „Es erhebt ihn unverrückbar in die Riege jener außergewöhnlichen

Das Haus von Great Dixter thront gemütlich mitten im intensiv kultivierten Garten. Lutyens, der es erweiterte, wollte im Garten eine Reihe von Mauern errichten, aber sein Auftraggeber Nathaniel Lloyd bevorzugte Eibenhecken, die heute charaktervoll und formschön sind.

Aus Samen gezogener violetter Schlafmohn *(Papaver somniferum)* neben leuchtenden hohen Lupinen, darunter *Lupinus* 'The Page' und 'Noble Maiden' (aus der 'Band-of-Nobles'-Serie). Der panaschierte Bambus ist *Pleioblastus viridistriatus*, und hinten zeigt der Knöterich *Persicaria polymorpha* seine großen weißen Federbüschel.

Pflanzenexperten, die nicht nur verschiedenste Pflanzen angebaut, beobachtet und erforscht haben, sondern auch hinreißend und kenntnisreich über sie zu schreiben vermögen ... Ich weiß nicht, wann ich die Lektüre eines Buches je so genossen hätte", schrieb die *Times*.

Christopher Lloyd schätzte sich immer glücklich, in einem bereits gut gestalteten Garten arbeiten zu können. Zu Lutyens' planerischer Begabung gehörte es, die optimalen Stellen zu finden für Terrassen, Treppen, Blicke und einen Rundweg, der alle Bereiche organisch miteinander verbindet. Der Garten umhüllt das Haus in einer Weise, dass ein „Raum" zum nächsten leitet.

Vom Nordosteingang führt ein gerader Weg an Daisys Wildblumenwiese vorbei direkt aufs Haus und dessen charakteristischen schiefen Vorbau zu. Zur Rechten liegt um den oval-achteckigen Teich der Senkgarten, der an zwei Seiten von typischen Sussex-Scheunen abgeschirmt wird. Ostwärts befinden sich die Formschnitt- und die Versuchspflanzen des Peacock bzw. High Garden.

Mitten im Garten und in den Wiesen thront das Haus, und an dessen Südecke beginnt die berühmte nach Südwesten ausgerichtete Long Border („lange Rabatte"), die bei einer von Eiben umfriedeten, von Lutyens entworfenen Eichenbank endet. Auf einem abschüssigen Hang gleich südlich der Long Border entrollt sich die Obstwiese mit wilden Orchideen, Hahnenfuß und Narzissen, und westlich hinter einem Gelände, das viele Jahre lang den Rosengarten beherbergte, liegt der Formschnittrasen.

1992 beschrieb Christopher einprägsam, wie er die Rosen durch den dschungelähnlichen, subtropischen Exotic Garden ersetzte – die erste größere Veränderung des Gartens, die mit der Einstellung von Fergus Garrett als neuem Chefgärtner einherging: „Aufgrund von Bodenmüdigkeit verkümmerten neu gepflanzte Rosen hier nach und nach, sodass wir, als Fergus nach Dixter kam, eine große Veränderung vornahmen, die Rosen loswurden und einen spätsommerlichen bis herbstlichen Garten schufen, der tropisch wirkte, obwohl einige der besten Blattpflanzen

Der magentarote Schwarzäugige Storchschnabel ist auf diesem breiten Beet überall zu sehen, dazwischen hier und da Mohn und in jeder Jahreszeit andere Blumen. Das hohe Gras *Stipa gigantea* schimmert im Sonnenlicht, wenn seine haferrispenartigen Blüten aufgehen. In der Mitte wächst der blaue Storchschnabel *Geranium* 'Orion'.

ziemlich robust sind. Das hat viel Spaß gemacht. Farbige Effekte entstehen vor allem durch Dahlien und Blumenrohr. Das sich selbst aussäende Patagonische Eisenkraut sorgt für einen Hauch von Violett."

Garrett, ebenfalls Absolvent des Wye College, war sehr erfahren, und so begann auf Great Dixter eine kreative Zusammenarbeit, die den Garten weiter bereicherte. Die Rabatten wurden aufgefrischt, und die rasche Folge weiterer Bücher von Christopher Lloyd zog eine neue Fangemeinde an und steigerte das internationale Ansehen des Gartens.

Christopher starb 2006, aber durch eine von ihm gegründete Wohltätigkeitsstiftung ist die Zukunft des Gartens gesichert. Eine gemeinnützige Lotterie, Zuschüsse und Schenkungen ermöglichen eine einfühlsame Restaurierung der historischen Gebäude und die Einrichtung eines produktiven Übungsgeländes für Gartenbau-Studenten, die vor Ort wohnen.

Obenan stehen heute Üppigkeit und Experimentierfreude, sodass die Bepflanzung nun überall merklich komplexer und freier daherkommt und die Grenzen zwischen Angebautem und Wildwachsendem sich auflösen. „Die Leute sagen manchmal, wir wären auf Dixter ganz schön mutig", sagt Garrett, inzwischen auch Geschäftsführer der Stiftung. „Aber für uns ist es ganz normales Gärtnern: Spaß haben und keine Angst vor Experimenten. Oft funktionieren unsere Versuche und manchmal nicht, aber solange wir daraus lernen und nicht aufgeben, ist es nicht weiter schlimm. Darum geht es hier."

VORHERIGE DOPPELSEITE Im vor mehr als hundert Jahren von Nathaniel Lloyd angelegten Formschnittgarten durfte das Gras sich zur Wildblumenwiese entwickeln, was diesen Bereich weicher aussehen lässt, als es früher der Fall war.

UNTEN Den Dingen ihren Lauf lassen: Sommerlich üppige Blumen und Blätter, darunter Himalaja-Knöterich, scharlachrote Dahlien, hoher, schmaler violetter Salbei *(Salvia patens)*, orange Sonnenbraut und kleine Schleier-Astern 'Little Carlow'.

RECHTS Fröhlicher Empfang für Besucher im Hochsommer: Töpfe mit wechselnden Pflanzen, wie z. B. Fuchsschwanz, Sonnenhut, Dahlien in verschiedenen Sorten, Blumenrohr, Pelargonien, Fuchsien und Silberkerzen.

13 ROSENGÄRTEN

Rosen kommen in den Schriften der Griechen und Römer vor und wurden später in die christliche Ikonografie übernommen (die fünf Blütenblätter der Wildrose stehen für die fünf Wunden Christi). Auf den Britischen Inseln sind mehrere Wildrosen heimisch, beliebter sind aber diejenigen, die meist von Arten und Sorten aus Ländern des Perserreichs und Ostasiens abstammen. Aufgrund ihrer langen Geschichte und ihrer Wertschätzung als Kulturpflanze werden Rosen mit Brahma, Buddha, Mohammed, Vishnu und Konfuzius in Verbindung gebracht. Die Verehrung der Rose ist also uralt und universell.

So existieren denn auch in der ganzen Welt Rosengärten, und überall liebt man sie. Kaum etwas kommt einem frühsommerlichen Rosengarten gleich, in voller Blüte und angefüllt mit Duft, insbesondere bei Sonnenaufgang oder wenn der Abend naht und sich im weichen Licht der untergehenden Sonne neue betörende Düfte entfalten, die sich mit den Gerüchen umgebender Pflanzen geheimnisvoll vermengen, ohne ihnen ganz trotzen zu können.

Eine entsprechend altehrwürdige Rolle kommt der Rose in der Parfümherstellung zu, für die besonders *Rosa × damascena* bedeutsam ist, und das bis heute. In Asien, der Türkei und dem Balkangebirge in Bulgarien wird sie seit Langem in Plantagen angebaut. Spektakulär ist beispielsweise auch El-Kelâa M'Gouna in Marokko, wo sich das Rosental befindet, eine zwischen Schluchten und Festungen gelegene Oasenlandschaft zu Füßen des Atlasgebirges am westlichen Saharарand.

Rosendüfte werden in unterschiedlicher Menge den meisten fabrikmäßig hergestellten Parfümen beigemischt. Luca Turin, Parfümspezialist und Autor von *The Secret of Scent. Adventures in Perfume and the Science of Smell*, erinnert sich, wie ihn vor Jahrzehnten das original Nombre Noir von Shiseido fasziniert hat. Er fand es hinreißend: „Wie die Klangfarbe einer Stimme kann ein Parfüm etwas ganz anderes transportieren als die ausgesprochenen Worte. Was Nombre Noir sagte, war ‚Blume'. Doch wie es das sagte, war eine Offenbarung. Die Blume im Kern von Nombre Noir war irgendwas zwischen Rose und Veilchen, aber ohne die leichte Süße von beiden, stattdessen mit der strengen, fast klösterlichen Unternote einer Zigarrenkiste aus Zedernholz. Gleichzeitig war es nicht herb und hatte eine liquide Frische, die seine kräftigen Farben wie ein Buntglasfenster leuchten ließ."

Zur Graham-Thomas-Sammlung alter Rosen im Rosengarten von Mottisfont Abbey in Hampshire gehören Rosa *gallica* var. *officinalis* und die himbeercremefarbene *Rosa gallica* var. *officinalis* 'Versicolor' (syn. 'Rosa mundi'). Thomas verlieh dem Rosengarten wunderbares Flair.

RECHTE SEITE Rosen bezaubern durch ihre Düfte, ihre Schönheit sowie die Vielfalt und Fülle ihrer verschiedenfarbigen Blüten.

OBEN LINKS 'Apricot Nectar', eine 1965 eingeführte amerikanische Floribunda-Strauchrose.

OBEN RECHTS Die bordeauxrote 'Chianti', die erste rote Rose aus David Austins Gärtnerei, hat den Duft einer alten Rose und ist einmalblühend.

UNTEN RECHTS Zartrosa 'Gentle Hermione', eine duftende David-Austin-Rose von 2005.

UNTEN LINKS Die von etwa 1790 stammende prächtige Essig-Rose 'Charles de Mills' entfaltet ihre vielen lilaroten Kronblätter.

Die Römer liebten Rosen und importierten sie aus Ägypten. Zur Gewinnung von Rosenöl und Rosenblüten (für dekorative Zwecke) bauten sie sie auf großen Flächen an. Sie erfanden auch das Rosarium, den ganz Rosen gewidmeten Garten. Danach waren Rosen in Europa jahrhundertelang in erster Linie Apothekerpflanzen, aus denen Arzneien, Rosenwasser und Rosenöl hergestellt wurden. Nachdem erst in den 1750er-Jahren die erste chinesische Rosenart nach Europa gekommen war, befassten sich die Züchter vor allem mit dem Kreuzen von Rosen.

Die Geschichte des modernen Rosengartens begann im 19. Jahrhundert in Europa und verdankt sich ganz wesentlich Joséphine Bonapartes Rosensammlung auf Schloss Malmaison, das sie 1799 erwarb. Viele ihrer Rosen wurden von Pierre-Joseph Redouté gemalt, und das Konzept des Rosengartens breitete sich von Frankreich in andere europäische und weitere Länder aus.

Zu den viktorianischen Liebhabern des Rosengartens gehörte Samuel Reynolds Hole (1819–1904), Domherr in Lincoln und später Dekan der Kathedrale von Rochester. Ihm wurde eine ganz eigene Offenbarung zuteil, als er an einem Sommerabend 1846 mit Buch und Zigarre im elterlichen Garten in Caunton, Nottinghamshire, saß. Als sein Blick auf einer blutroten Rose ruhte, „überwältigte ihn die Erkenntnis, dass die Rose die schönste aller Blumen ist". Fortan bevölkerten Rosen in immer größerer Zahl den Garten in Caunton, aus hundert wurden tausend, schließlich 5000. Als dort kein Platz mehr war, griff seine Sammlung auf den Bauernhof der Familie über, woraufhin sein Vater ihn bat, wenigstens ein klein wenig Platz für den Weizen frei zu lassen.

Dekan Hole wurde der erste Vorsitzende der Royal National Rose Society, die sich 1876 gründete, als in England immer mehr Rosengärten entstanden. Damals und für weitere rund hundert Jahre waren die meisten Rosengärten Monokulturen mit großen Abständen zwischen den Pflanzen. Heute zieht man einen natürlicheren Stil vor, zumal Rosen vielfach von der Nachbarschaft bestimmter anderer Pflanzen profitieren, wie die Gärten auf den folgenden Seiten veranschaulichen.

BORDE HILL

WEST SUSSEX

Im Frühling entfaltet der Waldgarten von Borde Hill seine volle Schönheit, im Sommer bietet ihm neuerdings der Rosengarten Paroli

Auf Alleen (teils mit wunderschönen Stieleichen), die sich durch die Waldgebiete des High Weald in Sussex schlängeln, gelangt der Besucher zum Eingangstor von Borde Hill. Der 81 Hektar große Garten zählt zu einer Gruppe herausragender Gärten viktorianischer bzw. edwardianischer Pflanzensammler in einer besonders interessanten Gegend der Grafschaft (in der Nähe liegen Wakehurst, Nymans, Leonardslee (S. 151) und High Beeches). Sie alle konnten zu Waldgärten großen Stils werden, weil sie von der botanischen Erkundung Chinas, des Himalajas und anderer Gebiete durch berühmte Pflanzensammler wie Ernest Wilson, George Forrest, Frank Kingdon Ward profitierten – die sie wiederum finanziell unterstützten (S. 147).

Oberst Stephenson Robert Clarke, dessen Familie mit Schiffs- und Eisenbahnbau ein Vermögen gemacht hatte, kaufte Borde Hill 1892. Er hatte eine Leidenschaft für seltene Bäume und Sträucher (die hier noch heute eine Besonderheit sind), und nachfolgende Generationen haben anderes beigetragen. Seit Jahrzehnten liegen Pflege und Weiterentwicklung der Anlage nun in den Händen seines Urenkels Andrew John Stephenson Clarke und dessen Frau Eleni, die sich mit Tatkraft und Fantasie um den Garten samt angeschlossenen Unternehmen kümmert. Ihnen ist es zu verdanken, dass der Garten nun länger im Jahr etwas zu bieten hat: Außer neuen Sommerrabatten legten sie – mit viel Freude – einen großen traditionellen Rosengarten an, den Gartengestalter Robin Williams 1996 entwarf und den dessen Sohn Robin Templar Williams später veränderte.

LINKS Den Rosengarten von Borde Hill schuf der Gartengestalter Robin Williams 1996, und sein Sohn veränderte ihn später. Hier wachsen vor allem David-Austin-Rosen, darunter die gelbe ‘Graham Thomas’ und die hellere primelgelbe ‘Jayne Austin’.

RECHTS ‘Kathryn Morley’ hat duftende hellrosa Blüten an aufrechten Stielen.

LINKS Streifen wogender lila Katzenminze *(Nepeta faassenii)* trennen einige Rosenbeete.

RECHTS Das Haus mit seinen vielen Schornsteinen bildet eine schöne Kulisse. Der Rosengarten wurde angelegt, um den Park auch im Sommer attraktiv zu machen. Vorher existierte schon das große bewaldete Areal voller Frühjahrsschätze und prächtiger Bäume aus der Zeit der spätviktorianischen und edwardianischen Pflanzensammler und -jäger.

Von seinem Herzstück, einem Becken mit Backsteineinfassung und Fontäne, gehen fächerförmig grasgesäumte Wege ab und erschließen eine farblich harmonische Sammlung von Strauchrosen – überwiegend, aber nicht nur von David Austin gezüchtete Englische Rosen –, die, wie es sich gehört, von niedrigen Hecken aus Lavendel und Katzenminze umschlossen sind. Im Hochsommer ein herrlicher Anblick, wobei einige viel länger blühen.

Unter David Austins Englischen Rosen sind die üblichen wie 'Gertrude Jekyll', eine der beliebtesten Kreuzungen der Gärtnerei mit großen wohlgeformten Blüten in einem hübschen warmen Dunkelrosa und kräftigem Alte-Rosen-Duft. Außerdem 'Graham Thomas', robust, zart, gelb und nach dem großen Gärtner und Rosenexperten benannt, der so viel dafür tat, dass England zu seiner Begeisterung für die klassischen alten Rosen zurückfand. Dann Vertreter von Austins Rosen, die nach Shakespeare-Figuren benannt sind, darunter die hervorragende 'Falstaff' mit ihrem fruchtigen Duft und ihren flachen, dicht gefüllten Blütenschalen in dunkelkarmesinroten Schattierungen. In der Abteilung für alte Rosen gibt es 'Rose de Meaux', die von heiterer Natur und der Inbegriff von Hübschheit ist mit ihren kleinen pinken Puschelblüten an zierlichen, nur etwa einen Meter hohen Büschen, weswegen sie gern für kleine Gärten gewählt wird, auch wenn sie nur die für ihresgleichen typische kurze Blühsaison hat.

Eine hohe Backsteinmauer und ein paar Eibenhecken- und Formschnittblöcke trennen die Rosenarena vom Haus. Die in harmonischen Gruppen von Creme-, Pink-, Kirschrot-, Apricot- und Blassgelb-Schattierungen gepflanzten Rosen machen sich gut vor den Sandsteinmauern und steilen Giebeln des Gebäudes aus dem späten 16. Jahrhundert.

CULLAND HALL

DERBYSHIRE

Der Zauber der Rose „at its best“: Rosen umhüllen hier die Hausmauern, ranken über einem Pergolagang und füllen Beete

Lucy Thompson gesteht gern ein, dass der Garten von Sissinghurst Castle (S. 233) starken Einfluss darauf hatte, wie sie und ihr Mann Simon ihren Garten gestalten, seit sie Mitte der 1990er-Jahre nach Culland kamen. Vorher hatten Simons Eltern dort gewohnt, und seine Mutter hatte um das Haus herum einen Garten angelegt, doch als Simon und Lucy einzogen, war davon kaum noch etwas übrig. Die Zeit war reif für einen Neubeginn, und sobald das „verlorene“ Gelände mit Kettensäge und Bagger aufgebrochen worden war, nahm Lucy die Schaufel in die Hand so wie ihre Schwiegermutter vor ihr.

Lucy, die in Kent in der Nähe von Sissinghurst aufgewachsen war und sich für dessen formale Gestaltung mit separaten mit Mauern und Eibenhecken umfriedeten Bereichen begeisterte, beschloss, den Garten von Culland Hall nach seinem Vorbild zu erneuern. Anfangs stützte sie sich dabei auf die Expertise des Gartengestalters Mark Anthony Walker, später, als es um den Eingangsbereich ging, auf Simon Johnson.

Das Haus geht direkt nach Süden; davor liegen eine Steinterrasse und ein formaler rechteckiger Rasen. Von da führen ein paar Stufen in gerader Linie zu einem weiteren Rasen mit einem Ha-Ha am hinteren Ende, über den man auf eine sanft gewellte Schafweide und schließlich einen baumgesäumten See blickt. Die Südfassade des Hauses ist mit Kletterpflanzen geschmückt, die in der Vegetationsperiode in die Fenster lugen und drinnen mit Blüten und Blättern gerahmte Blicke sowie Rosen- und Blauregenduft bieten. Sie zu beschneiden muss eine oft anfallende und aufwendige Angelegenheit sein, die im Frühling und Sommer aber mit schönen Resultaten belohnt wird. An der Mauer konkurriert die wüchsige violette *Wisteria* 'Caroline' mit der apricot-rosafarbenen Rambler-Rose 'Albertine' und der starkwüchsigen Rose 'Seagull', die kleine Büschel reinweißer Blüten mit gelber Mitte hat.

Rosen spielen in den meisten Bereichen des Gartens die Hauptrolle. Die Stufen zwischen den beiden formalen Rasen südlich des Hauses sind rechts und links mit einer Rabatte eingefasst. Lucy mag Farbschemata und hat für diesen Bereich Blau- und Gelbtöne gewählt, die sich schön in die Landschaft einfügen, gleichzeitig aber perfekt ergänzen, besonders wenn auf andere, vorwitzigere Farben verzichtet wird. In der Rabatte behauptet sich die Rose 'Pilgrim' mit blassgelben, auffällig dicht gefüllten Blüten neben Syrischem Brandkraut *(Phlomis russeliana)*, cremeweißen Gestreiften Binsenlilien *(Sisyrinchium striatum)*, der zarten, hohen Wiesenraute *(Thalictrum flavum* ssp. *glaucum)* und Riesen-Schuppenköpfen *(Cephalaria gigantea)*; davon heben sich violettblaue Sibirische Schwertlilien (*Iris sibirica* 'Silver Edge') und hoher blauer Rittersporn ab. Andere bemerkenswerte gelbe Rosen in der Rabatte sind die größere, dunklere 'Graham Thomas' und die früh blühende hohe Strauchrose 'Frühlingsgold', die viele einfache hellgelbe Blüten und sehr hübsches Laub hat.

Im Sommer ist Culland Hall üppig umhüllt: Vorne blüht die weiße Rose 'Seagull', rechts daneben 'Albertine' mit ihren rosa und apricotfarbenen Blüten. Zwischen beiden wächst die stark duftende *Wisteria* 'Caroline', die früher im Jahr ihre Mauve- bis Violetttöne zeigt. Die vor langer Zeit gepflanzte rosa Rose im Vordergrund konnte nicht identifiziert werden.

LINKS Für hochsommerliche Fülle in den buchsgesäumten Beeten sorgen u. a. die Rosen 'Fantin Latour', 'Prince Charles', 'Rose de Resht', 'Königin von Dänemark' und 'Charles de Mills'.

LINKS UNTEN Die Rosen am Backsteinweg sind 'Hansa', 'Comte de Chambord', 'Prince Charles', 'Fantin Latour' und 'Rose de Resht'.

RECHTS Klassische Hochsommerkombination: die weiße Rose 'Adélaïde d'Orléans' an der Pergola und die violetten Schleier der Katzenminze (*Nepeta* 'Six Hills Giant') an den Wegrändern. Gerade noch sichtbar sind die Büschel winziger dunkler bläulich-violetter Blüten der Rambler-Rose 'Veilchenblau'.

Der eigentliche Rosengarten mit Backsteinwegen zwischen buchsgesäumten Beeten liegt westlich des Hauses. Er ist ein richtiger Sommergarten, weil in ihm hauptsächlich altmodische einmalblühende Sorten in den klassischen Farben wachsen, also in vielen Rosatönen ('Comte de Chambord', 'Fantin Latour') über Purpurrot ('Rose de Resht', 'Hansa') bis zu intensiverem Purpur-Karmin ('Prince Charles', 'Charles de Mills').

An den Rosengarten grenzt ein Bereich mit weißen und annähernd weißen Blumen an, der formal und symmetrisch ist, mit geraden Wegen zwischen den sechs buchsgesäumten rechteckigen Beeten. Zweifellos vom berühmten Weißen Garten von Sissinghurst inspiriert, gedeihen hier nicht nur lange blühende Zwiebelpflanzen und Stauden, sondern auch hier und da Rosen, wie z. B. die cremeweiße 'Macmillan Nurse'. Und die in *Rosa mulliganii* gehüllte Pergola greift ein weiteres Element des bedeutenden Vorbilds auf.

Durch ein Tor am mittigen Weg des Weißen Gartens gelangt man weiter Richtung Westen zu einem Paar breiter Rabatten, zwischen denen ein ausgedehnter Rasenstreifen verläuft. Eine Mauer auf der einen Seite und eine Eibenhecke auf der anderen bieten ihnen Einfriedung und Schutz. Dafür, dass die Rabatten lange im Jahr ansehnlich sind, sorgen nicht nur Stauden, sondern auch Rosen: 'Fritz Nobis' mit zotteligen rosa Blüten, die verknautschte blutrote Moosrose 'Capitaine John Ingram', die extrem zähe Strauchrose aus dem 19. Jahrhundert 'Gipsy Boy' und David Austins muschelrosa Strauchrose 'Gentle Hermione'.

Ein weiterer, nördlich gelegener abgeteilter Bereich beherbergt den Küchengarten samt Gewächshaus und eine prachtvolle Rosenpergola, an deren einer Seite eine eindrucksvolle Rabatte mit Pfingstrosenstauden liegt. Alle Bereiche wurden sorgfältig geplant und bilden eine fortlaufende organische Sequenz in einem Garten, der für viele der Inbegriff eines englischen Landgartens ist.

ELSING HALL

NORFOLK

Dieser Garten bietet eine beeindruckende Rosensammlung, die nach langen Jahren der Vernachlässigung nun wieder gehegt und gepflegt wird

Wer auch immer Festungsgräben „stille Spiegel der Geschichte" genannt hat, lag genau richtig. Nirgendwo in England wurden zu Verteidigungs- sowie sozialen und geografischen Zwecken so viele Gräben um Häuser angelegt wie in Norfolk und Suffolk. Vielfach hob man sie um gutsherrliche oder kirchliche Gebäude aus, aber auch um Gärten, wo sie wilde Tiere und Einbrecher fernhalten sollten.

Alte Herrenhäuser mit Graben drumherum können sehr romantisch sein, zumal wenn sich das Haus im Wasser spiegelt. Als Patrick Lines und Han Yang Yap 2006 Elsing Hall erblickten, waren sie fasziniert von dem Dornröschenschloss mit seinen Giebeln, Flintmauern, himmelhohen spiralig gedrehten Schornsteinen und dem damals noch völlig verschilften Graben. „Manchmal ist Ahnungslosigkeit ein Segen", erinnert sich Lines. „Wir hatten keinen blassen Schimmer, was wir uns aufhalsten." Zwei Jahre lang modernisierten sie sorgfältig das denkmalgeschützte Haus, um sich dann dem Garten zuzuwenden.

Der schlief ebenfalls einen Dornröschenschlaf: Bevor Lines und Yap das Anwesen kauften, hatte es eine Zeit lang leer gestanden und der Garten über viele Jahre hinweg keine adäquate Pflege gesehen. Als sie loslegten, stellten sie fest, dass Hunderte unbeschnittene dornige Rosen wild wucherten, verfilzt waren oder verkümmerten, sodass im großen ummauerten Garten, in den langen Rabatten zwischen Haus und Rasen, an den Hauswänden und schönen Uferwegen ein einziges Chaos herrschte. Der Graben wiederum war derart verschilft, dass man „ihn fast ohne Gummistiefel hätte überqueren können", wie Lines sagt.

Was macht man mit jahrelang überwucherten Staudenrabatten und gut 250 Rosen aller Formen und Größen, von denen die meisten, obwohl jahrzehntealt, so gut wie nie beschnitten wurden? Das Gute daran: Alle, die noch da waren, waren echte Überlebenskünstler. Die Antwort von Lines und Yap hieß daher auch, schonungslos durchzugreifen, um zu retten, was zu retten war. Sie heuerten ein engagiertes, erfahrenes Gärtnerpaar an, Robin und Alison Mahoney, die bis heute für sie arbeiten.

Um ihre eigenen Kenntnisse zu vertiefen, lasen sie viel, besichtigten Gärten und experimentierten. Mithilfe der Mahoneys vervollkommneten sie die Rabatten, legten neue an und bändigten die Kletter- und Rambler-Rosen an den Hauswänden. Heute ergießen sich Rosen in den Graben und teilen sich zahlreiche Rabatten mit passenden Begleitpflanzen wie Fingerhut, Nelkenwurz, Glockenblume, Großer Steppenkerze und Rittersporn. Im ummauerten Garten gibt es buchsgesäumte Beete mit Pfingstrosen sowie vielen verschiedenen Früchten und Gemüsesorten, ein restauriertes Gewächshaus und an den Mauern Spalierrosen.

Die Frage liegt nahe, wie es überhaupt zu den vielen Rosen gekommen ist – und auch zu dem schönen Haus. Elsing Hall wurde um 1470 für einen gewissen

Rosen stehen Elsing Hall gut. Die Erdgeschossfenster sind mit verschiedenen Rosen bekränzt, darunter 'Fantin Latour', 'Königin von Dänemark' und 'Madame Alfred Carrière'. In der Staudenrabatte davor wachsen Rittersporne, Bronzefenchel, Mohnblumen mit silbergrünen Fruchtständen und niedrige gelbe Steppenkerzen.

John Hastings an der Stelle des viel älteren Hauses seines Vorfahren Sir Hugh de Hastings gebaut, der in der Armee Karriere gemacht und vorteilhaft geheiratet hatte. Elsing Hall blieb sieben Generationen lang im Besitz dieser Familie und ging dann für die nächsten 400 Jahre an die Brownes. Im 18. und 19. Jahrhundert wurde es behutsam erweitert und verschönert, bis es 1958 erstmals auf den freien Markt kam.

Die große Stunde der Rosen schlug, als in den 1980ern David und Shirley Cargill das Anwesen kauften. Shirley orientierte sich an einem Garten namens Lime Kiln, in dem der Rosenzüchter Humphrey Brooke es auf eine Sammlung von mehreren Hundert Sorten gebracht hatte. Shirley ließ ihre Rosen (gut 250 Sorten) weitgehend ohne Einsatz von Rosenschere und Bindfaden wachsen. Die Cargills legten außerdem an der Südseite des Hauses Beete mit Rosen und Stauden, einen formalen Topiari-Bereich, ein Arboretum mit ausgewählten blühenden Bäumen und, auf altem Weideland, ein Pinetum (Koniferensammlung) an.

Als Lines und Yap das Haus zum ersten Mal sahen, „nahmen wir den Garten kaum wahr". Hat man ihn aber einmal wahrgenommen, ist es der Garten, der einen täglich braucht, wie jeder Gärtner weiß. Und so geht es weiter mit dem Renovieren und Verschönern – mit neuen Skulpturen und Rosenpergolen, neuen Pflanzen (inklusive Rosen!) und Ideen für zusätzliche Wasserattraktionen in Gestalt eines Springbrunnens und einer Wasserrinne.

LINKS Blick über den Graben auf die Südseite des Hauses. Im 19. Jahrhundert wurden die Terrassen am Haus restauriert und der Graben verbreitert, sodass er auf dieser Seite wie ein See wirkt.

RECHTS Diesen Teil der Hauswand beranken u. a. die karmesinrot-violette Moosrose 'William Lobb', die zartlila Rose 'Veilchenblau' mit Büscheln kleiner Blüten, die kesse zweifarbig-pinke 'Händel' und, ganz außen, die unschlagbare 'Albertine'.

RECHTS UNTEN Berückend: der Graben in einem abgelegeneren Teil des Gartens mit subtilsten Grüntönen und einer Kaskade der Rose 'Kiftsgate', die sich aus einem Baum ins spiegelnde Wasser ergießt.

LINKS OBEN Die romantische Anmutung von Elsing Hall betörte die heutigen Besitzer Lines und Yap vom ersten Moment an. Zu ihr trugen auch die Bäume bei, darunter Trauerweiden. Der Verwilderung des Gartens Einhalt zu gebieten dauerte Jahre. Diese Fotos zeigen ihn 2013, als etwa die Hälfte der Renovierungsarbeiten geschafft war, aber seitdem wurde noch vieles verbessert.

LINKS Hochsommer im ummauerten Garten: Die Tür verschwindet fast unter der üppigen Fülle von Blättern und Blüten, u. a. von *Salvia turkestanica* im Vordergrund und einer Wolke weißen Storchschnabels um die säulenartigen Stiele und runden grünen Fruchtstände der Engelwurz *(Angelica archangelica)*. Darüber an der Mauer eine 'Seagull'-Rambler-Rose.

RECHTS Einer der letzten Obstbäume im ummauerten Garten stützt eine tiefrote Rose, die von vielen Besuchern bewundert und kommentiert wird. Hinten ist ein von Lines und Yap eingebautes Mondtor sichtbar.

14 RESTAURIERUNGEN UND NEUERFINDUNGEN

In der allerersten Nummer von *Country Life* vom 8. Januar 1897 waren auf Seite eins der Immobilienanzeigen einige außergewöhnliche Objekte annonciert, darunter „Stowe House, Buckingham, der herrschaftliche Familiensitz der Dukes of Buckingham and Chandos". Wie am Anfang dieses Buchs dargelegt, waren solche Anwesen gegen Ende des 19. Jahrhunderts unmodern und bedeutungslos, und manche ihrer Gebäude und Gärten wiesen Anzeichen von Verfall auf. In der Anzeige für Stowe waren aufgeführt: ein 445 Hektar großer Rotwildpark, Ställe für 25 Pferde und ein Park mit Seen „von beträchtlicher Größe, die zahlreiche hübsche Wasserfälle und Brücken, Tempel und Statuen noch verschönern". (Der Abschwung, der zu einer Flut zu verkaufender Anwesen führte, dauerte länger an, bevor sich im „Zeitalter der Restaurierung" des späten 20. Jahrhunderts das Blatt für solche Orte wendete.)

Der „goldene Nachmittag" der Edwardianischen Epoche mit ihren berauschenden Hauspartys war ein letzter Abgesang auf die alte Zeit, die mit dem Ersten Weltkrieg ein abruptes Ende fand. Kriege verschlingen Unsummen, und die Nachkriegszeit ächzte nicht nur unter dem schrecklichen Verlust einer ganzen Generation junger Männer, sondern auch unter hohen Steuern. Überall im Land kehrten die Wehrpflichtigen ganzer Dörfer nicht aus den Schützengräben zurück, Land und Gärten blieben unbewirtschaftet, zumal der Krieg auch die Zahl der Pferde dezimierte. Zahllose Gärten und Parks wurden umgepflügt und mit Essbarem bebaut, viele Häuser zu Lazaretten.

In den 1920ern galt es daher, viele Gärten zu erneuern und pflegeleichter zu machen. Da bot sich der „Waldgarten" an – zwanglos gestaltet (sodass jeder Grundstücksbesitzer ihn anlegen konnte) und relativ einfach zu bewirtschaften. Ein Waldgarten mit Sträuchern und Bäumen aus fernen Ländern, die neuerdings erhältlich waren, passte auch zur Sammelleidenschaft der Engländer und ihrer Freude am geselligen Wettbewerb. Die 1920er- und 1930er-Jahre entwickelten sich zur Hochzeit der Pflanzenjagd mit Vertretern wie George Forrest, den es nach Westchina zog (dicht gefolgt von Frank Ludlow und George Sherriff), oder Frank Kingdon-Ward, der in Burma, Assam und Tibet nach Waldschätzen Ausschau hielt und Zehntausende neuer Pflanzen mitbrachte.

Getreue Restaurierungen waren in den mittleren Jahrzehnten des 20. Jahrhunderts hingegen rar, wobei man um einige bedeutende nicht herumkam.

Windumtoste Schafweiden trennen das weltabgeschiedene Lindisfarne Castle auf Holy Island vom zugehörigen entlegenen ummauerten Garten, der 1911 umgestaltet wurde. Den Entwurf hatte der damalige Besitzer Edward Hudson, Eigentümer von *Country Life*, bei Gertrude Jekyll in Auftrag gegeben. Anfang der 2000er-Jahre restaurierte der National Trust ihn nach ihren Plänen.

RECHTE SEITE OBEN LINKS UND UNTEN RECHTS Der ummauerte Garten von Arundel Castle in West Sussex ist die fantasievolle Restaurierung bzw. Neuerfindung einer einstigen Nutzfläche, die ab den 1970ern als Parkplatz diente. Julian und Isabel Bannerman schufen hier einen kühnen neuen Garten, mit dem sie das Leben von Thomas Howard, 14. Earl of Arundel (1585–1646), ehren. Der „Sammlergraf" war einer der Ersten, die auf Grand Tour gingen, und ein Kunstförderer großen Stils.

So wurde z. B. Geoffrey Jellicoe in den 1930ern damit beauftragt, den aus dem frühen 18. Jahrhundert stammenden Park Saint Paul's Walden Bury zu restaurieren und zu verschönern. Und 1946 begann William (Bill) MacKenzie, der neue Kurator des alten Chelsea Physic Garden in London, dessen Gewächshäuser, Felsgarten und Reihenbeete zu sanieren, die im Zweiten Weltkrieg zerstört worden waren.

1954 kaufte die anglophile amerikanische Innenarchitektin Nancy Lancaster Haseley Court (S. 37) und stellte den dortigen Garten wieder her, ebenfalls ein Kriegsverlust. „Die Alleen, die ich vor 15 Jahren dort gesehen hatte, waren gefällt worden – nun sah man nur weite Felder", erinnerte sie sich. Sie pflanzte die Bäume neu und ließ Russell Page gegen Honorar Pläne für die quadratischen Beete im ummauerten Garten fertigen, die sie jedoch verwarf, „weil ich sie zu penibel fand".

1948 übernahm der National Trust den Garten von Hidcote (S. 20) und begann, über die vielen unterfinanzierten und entsprechend enttäuschenden Gartenanlagen in seiner Obhut nachzudenken. 1955 stellte der Trust Graham Stuart Thomas als ersten Gartenberater ein und führte seitdem viele Teilrestaurierungen und Neugestaltungen „im Stil von …" durch. Thomas war auch Gründer und engagierter Unterstützer der Garden History Society, die ab den 1970ern eine wichtige Rolle bei der Dokumentation und Restaurierung ganz oder teilweise zerstörter Gärten spielte. Einer der wenigen frühen Nutznießer dieses neuen Klimas der 1970er war die Anlage in Hestercombe, Somerset (S. 18–19).

Da solche Projekte kostspielig sind, boomte das Restaurieren erst so richtig im wirtschaftlichen Aufschwung der 1980er-Jahre, als es auch von gründlicher wissenschaftlicher Forschung untermauert werden konnte. Sehr hilfreich war die Gründung des Heritage Lottery Fund. Privatleute stützten sich bei der Anlage formaler Gärten, die zu ihren alten Häusern passten, auf Nancy Lancasters Buchs-und-Rosen-Konzept, und dank mechanischen Werkzeugen war der Pflegeaufwand für die Parterres und Knotenbeete nun minimal. Auch Stowe mit seinen „zahlreichen hübschen Wasserfällen" wurde gerettet. Das schlossartige Haus ist seit 1923 eine Schule, und 1989 ging der Park an den National Trust, der seine einstige Pracht in 30-jähriger akribischer Arbeit wiederherstellte. Heute gelten die 1980er- und 1990er-Jahre als „historistische" Phase, in der die Restaurierung Vorrang hatte vor der Erneuerung.

Die im Folgenden vorgestellten Gärten sind Beispiele für vorbildliche Restaurierungen, gelegentlich auch Neuerfindungen, durch engagierte Einzelpersonen oder Gruppen.

RECHTE SEITE OBEN RECHTS UND UNTEN LINKS Details des restaurierten Japanischen Gartens von Kingston Lacy in Dorset. Im frühen 20. Jahrhundert geschaffen, als japanische Gärten in Mode waren, verfiel er in den Jahrzehnten danach. Anfang des 21. Jahrhunderts beschloss der National Trust, ihn zu restaurieren. Dank archäologischen Bodenradaruntersuchungen und Recherchen im Archiv des Anwesens konnte der Trust sich ein Bild von seinem einstigen Aussehen machen.

BIDDULPH GRANGE

STAFFORDSHIRE

Der „Weltgarten“ von Biddulph Grange, eine der langwierigsten Restaurierungen des National Trust, erstrahlt wieder in alter Pracht

Unter den gelungenen Restaurierungen des National Trust in jüngerer Zeit ist der Garten von Biddulph Grange zweifellos einer der aufregendsten und stimmungsvollsten. Er wurde mit einer dem gesunden Menschenverstand und normalen Raumempfinden zuwiderlaufenden Erfahrung à la *Alice im Wunderland* verglichen. Der Gartenhistoriker Brent Elliott schlug vor, die Anlage als Ausdruck jener viktorianischen Geisteshaltung zu werten, die Geologie und Archäologie für Vorzeichen der „Wiederkunft des Herrn“ und des Endes der Geschichte hielt.

Wo auch immer seine Ursprünge liegen mögen – die Restaurierung stützte sich weitgehend auf einen frühen Entwurf. Den Besucher geleiten hier, wie Stephen Lacey schrieb, „mäandrierende Wege zwischen Felswänden hindurch, auf Trittsteinen über gurgelnde Wasserläufe oder zwingen ihn, sich durch niedrige Tunnel zu ducken. Betritt er ein Gartenhaus im Fachwerkstil, findet er sich überraschenderweise in einer ägyptischen Grabkammer wieder; klettert er durch eine schottische Schlucht, steht er am Ende unvermittelt in einem chinesischen Wassergarten.“

Geschaffen wurde all das von einem Trio: dem Eigentümer James Bateman, seiner Frau Maria und einem Freund, dem angesehenen Landschafts- und Marinemaler Edward William Cooke. Die Batemans bezogen 1842 das ehemalige Pfarrhaus von Biddulph und verschönerten es im italienischen Stil. Beim Garten ging es ihnen keineswegs nur um Theatereffekte. Alle drei interessierten sich ernsthaft für Pflanzen. Bateman war Experte für Orchideen und Autor von drei aufwendig illustrierten Büchern über diese Pflanzenfamilie; außerdem hatte er eine Leidenschaft für Rhododendren und war Mitglied des Pflanzenexpeditions-Komittees der RHS. Seine Frau mochte winterharte Staudengewächse. Cooke, der mit der Tochter des großen Gärtners George Loddiges verheiratet war, teilte Batemans Faszination für Orchideen und Rhododendren, interessierte sich aber auch für Zoologie und Geologie. Wie viel Spaß muss es diesen kreativen Menschen gemacht haben, sich einen veritablen Garten Eden verschiedener Kulturen und Pflanzenwelten auszudenken!

Bateman war allerdings nicht der Erste, der feststellen musste, wie kostspielig die Restaurierung und Erhaltung eines anspruchsvollen Hauses samt Garten sind. In den 1860er-Jahren wuchs ihm das Ganze über den Kopf, und 1871 verkaufte er es und zog in den Süden.

Von 1923 bis Mitte der 1980er war Biddulph Grange ein Krankenhaus. 1988 erwarb der National Trust die Anlage und begann, den „verlorenen“ Garten zu restaurieren, der in mehr als 50 Jahren des Verfalls Opfer von Vandalismus geworden war. Heute ist er ein Relikt des für Mitte des 19. Jahrhunderts typischen exzentrischen Geschmacks, geschaffen aus der Begeisterung über neu entdeckte Pflanzenarten, die per Schiff aus entlegenen Teilen der Welt eintrafen.

Eine seiner komplexesten und interessantesten Gartenrestaurierungen nahm der National Trust ab Ende der 1980er-Jahre auf Biddulph Grange vor. In dem originellen Garten, den ein Trio begeisterter Naturkundler anlegte, unternimmt der Besucher eine „Weltreise“. Hier sieht man den Dahlienweg mit Eibenhecken, in die Stufen und „Stützpfeiler“ geschnitten wurden, und farbenfrohen Dahlien, die von Hochsommer bis Herbst blühen.

LINKS „China", einer der exotischen Gärten des Anwesens und heute aufgrund des Alters seiner Baumsammlung besonders schön. Dem National Trust lag daran, sich bei der Restaurierung möglichst genau an das ursprüngliche Konzept zu halten. Zum Glück stützte eine detaillierte Beschreibung in *The Gardeners' Chronicle* von 1862 das, was archäologische Untersuchungen in den „verlorenen" Gärten zutage förderten.

RECHTS OBEN In „Ägypten" bewachen steinerne Sphinxe ein Tor, das zwischen akkurate, an eine abgestufte Pyramide erinnernde Eibenhecken gesetzt wurde. In den „Kammern" der Pyramide trifft man auf ein Steinrelief des paviangestaltigen Gottes Thot, das vielleicht auf die naturwissenschaftlichen und botanischen Züge der ägyptischen Mythologie verweisen soll.

RECHTS UNTEN „China" betritt man durch ein Portal aus klobigen Steinblöcken. Hier macht sich bemerkbar, dass viele der Bäume aus der Entstehungszeit des Gartens – seltene, neuartige Schätze, die Pflanzenjäger zu James Batemans Zeit sammelten – heute ausgewachsen sind. So tragen sie zur überirdischen Atmosphäre des Gartens bei.

LINKS Als der National Trust Biddulph Grange übernahm, war dieser spektakuläre Tempel in einem furchtbaren Zustand. Er ist mit vergoldeten Drachen, Seepferdchen, Enten u. a. verziert und die Hauptattraktion im Zentrum dessen, was für die meisten der Clou des ganzen Gartens ist: „China". Seine kunstvollen Keramik-Dachziegeln sind Nachbildungen von Originalen, die am Grund des Beckens gefunden wurden.

RECHTS Hier schaut ein vergoldeter Wasserbüffel aus einer Art Schrein heraus. Wie die anderen Gartenskulpturen schuf ihn Benjamin Waterhouse Hawkins (1807–1894), ein Spezialist für naturgeschichtliche Sujets. Wasserbüffel kommen in Mythos und Philosophie fernöstlicher Kulturen häufiger vor – vielleicht einer der Gründe dafür, dass er im „China" von Biddulph Grange auftaucht.

RECHTS UNTEN In Efeu hockend (eine Lieblingspflanze viktorianischer Gärtner), empfängt ein gewaltiger, traurig dreinblickender Steinfrosch die Besucher im chinesischen Wassergarten.

UPTON GREY, THE MANOR HOUSE

HAMPSHIRE

Einst von Gertrude Jekyll geplant, konnte dieser Garten anhand der originalen Pflanzpläne von 1908 detailgetreu rekonstruiert werden

Upton Grey ist eine Postkartenidylle in den Kreidehügeln des nördlichen Hampshire. Dieses Dorf erkor Charles Holme, ein dynamischer, begeisterter Anhänger der Arts-and-Crafts-Bewegung, zu seinem Wohnort. Vorher hatte er in der Nähe von London gewohnt – auf Red House in Bexley, dem von Philip Webb für William Morris gebauten Haus.

Holme hatte als Seiden- und Wolltextilienhändler ein ausreichend großes Vermögen gemacht, um sich 1892 mit 44 Jahren zur Ruhe setzen zu können. Von da an widmete er sich Kunst, Kunsthandwerk und Architektur quasi auf höherem Niveau: 1893 gründete er die Zeitschrift *The Studio. An Illustrated Magazine of Fine and Applied Art*, deren Herausgeber er auch einige Jahre lang war.

In Upton Grey erwarb Holme mehrere Immobilien, darunter Manor House, einen Bauernhof aus der Tudorzeit, mit dessen Vergrößerung und Modernisierung er 1907 den Architekten Ernest Newton betraute. Holme lebte anderswo im Dorf und vermietete das Haus, beauftragte aber 1908 Gertrude Jekyll mit dem Entwurf eines zugehörigen Gartens. Jekyll soll nie in Upton Grey gewesen sein. Sie bevorzugte damals ein sozusagen postalisches Arbeiten – sie ließ sich von den Architekten die Pläne schicken und ergänzte sie um das jeweilige Pflanzschema.

Die Front des Hauses geht nach Westen auf die Zufahrt, hinter der ein großer „Wildgarten" liegt, den man durch ein hübsches in eine Mauer eingelassenes Eisentor betritt. Dort nimmt man am Boden als Erstes ein schönes Detail wahr: eine mit Steinplatten belegte Schwelle, an die sich mehrere breite, sehr flache halbkreisförmige Rasenstufen anschließen – ein eleganter, aber bewusst schlicht gehaltener Auftakt eines eindeutig nicht architektonischen Bereichs. In der Mitte ein Rasenweg zwischen höherem Gras mit hier und da ein paar großen Stauden und üppigen Strauchrosen. Dieser hübsche Weg, der im Frühling mit Jekylls Narzissen übersät ist, findet seinen krönenden Abschluss in einem halb mit Seerosen bedeckten Fischteich in der Ferne, dessen Ufer dicht mit Gelben Schwertlilien, Mädesüß und Rainfarn besetzt sind. Ein romantisches Plätzchen, von dem aus Teile der benachbarten mittelalterlichen Kirche sichtbar sind.

Die lange Ostseite des Hauses blickt auf den leicht abschüssigen formalen Garten. „Manch einen Garten gilt es an einem mehr oder weniger steilen Hang anzulegen", schrieb Jekyll in *Wall and Water Gardens*, das ab 1901 in mehreren Auflagen erschien. „Ein solches Gelände legt irgendeine Art der Terrassierung nahe, und in Verbindung mit einem Haus von bescheidener Größe und Machart ist nichts hübscher und angenehmer als die diversen Möglichkeiten der Geländeabstufung, die man mithilfe von Trockenmauern vornehmen kann."

Am Hang in Upton Grey konnten mehrere solcher Terrassen angelegt werden. Und so führten Stufen von der Pergola am Haus zunächst zum Rosenrasen,

Seit ihrem Einzug Anfang der 1980er-Jahre haben die Wallingers den ganzen Besitz verändert. Den Gertrude-Jekyll-Garten restaurierten sie nach Jekylls Entwürfen von 1908. Im oberen Garten hüllen Rosen eine Pergola ein, und auch in den Ritzen der Trockenmauern sprießen Pflanzen.

in den ein Parterre aus trapezförmigen Beeten um zwei mittige erhöhte Steinbeete eingefügt war. Dieser Bereich ist Rosen, Pfingstrosen und Lilien vorbehalten; am Rand wächst samtiger, graulaubiger Wollziest.

Unterhalb davon erstreckt sich ebenfalls auf ganzer Breite des Hauses ein Bowling- und darunter ein Tennisrasen, und das Ganze ist von Eibenhecken umschlossen, an die sich ein zwangloser Nussweg anschließt (mit Haselnusssträuchern, deren Zweige so nützlich sind). Nördlich des Hauptgartens gestaltete Jekyll weitere Bereiche mit Staudenrabatten – quer zum Hang verlaufende lange Beete – und ließ ein mittelgroßes viktorianisches Gewächshaus bauen. Diese Fotos fangen die überwältigende sommerliche Fülle ein, die Jekyll vorschwebte, mit leuchtenden Rabatten und einem Feuerwerk von Farben, die von ihrer eigenen 55 Meter langen Rabatte auf Munstead Wood inspiriert waren.

Dass wir all das heute erleben können, ist dem außergewöhnlichen Einsatz von John und Rosamund Wallinger zu verdanken, die das Haus 1983 als junges Londoner Paar erwarben und erst später erfuhren, dass die zugewachsenen unattraktiven Grünflächen einst ein Gertrude-Jekyll-Garten waren und dass im Jekyll-Archiv der University of California in Berkeley noch detaillierte Pläne existierten.

Das Ergebnis mehrjähriger aufwendiger Arbeit der Wallingers (Rosamund widmete sich ihr sogar ausschließlich) ist ein neu erstandenes aktives, originalgetreues Jekyll-Werk samt pflegeintensiven Staudenrabatten und der seltenen Dreingabe eines echten Jekyll-Wildgartens. In *Gertrude Jekyll's Lost Garden* (1999) hat Rosamund die Geschichte des Gartens offen und bewegend erzählt. Seit den 1990ern sind Tausende Besucher aus aller Welt gekommen, um ihn kennenzulernen und vielleicht auch die Frau, die dieses Meisterwerk, obwohl anfangs ohne jede Gartenerfahrung, so detailgenau wieder zum Leben erweckt hat.

LINKS OBEN Jekylltypische weiße Lilien auf der restaurierten Parterreterrasse. Dahinter der Tennisrasen, den Jekylls Pläne ebenfalls vorsahen.

LINKS Rosamund Wallinger und allerlei Haustiere bei der Gartenarbeit.

RECHTS Eine der Gärtnerei- und Schnittblumen-Rabatten mit den von Jekyll empfohlenen Stauden. Im Garten gibt es noch mehrere andere restaurierte Staudenrabatten.

OBEN Eine von Jekyll empfohlene klassisch englische Cottage-Garten-Kombination aus altmodischen Stockrosen und üppigen Rosen.

RECHTS Der ebenfalls vollständig restaurierte Wild Garden, im Hintergrund die Dorfkirche.

ORPHEUS, BOUGHTON HOUSE

NORTHAMPTONSHIRE

Die Renovierungen in dem Park aus dem 17. Jahrhundert laufen noch, aber ein modernes Rasen-und-Wasser-Element steht bereits: Orpheus

Bei der Verschönerung der Grünflächen von Boughton House in den letzten drei Jahrzehnten ging es außer um Restaurierung immer auch um Neuerfindung. Der aktuelle Duke of Buccleuch (ausgesprochen wie Back-lu) hat sich vorgenommen, einen Ausnahmegarten vom Übergang des späten 17. zum 18. Jahrhundert in vernünftigen (d. h. bezahlbaren) Grenzen zu restaurieren und gleichzeitig mit neuen Ideen und neuer Vitalität zu bereichern.

Die Anlagen aus dem späten 17. Jahrhundert hatte ein Vorfahre des Duke geschaffen, Ralph Montagu (1638–1709), dessen Familie sich hier 1528 niedergelassen hatte. Der ehrgeizige und modebewusste Montagu – in den 1660er- und 1670er-Jahren Gesandter unter Ludwig XIV. von Frankreich – hatte miterlebt, wie Versailles mit seinen Respekt einflößenden Alleen, herrlichen barocken Wasserspielen und eleganten Gebäuden entstand.

In den 1680er-Jahren begann Montagu auf Boughton mit umfangreichen Bautätigkeiten: Das Haus erhielt eine neue Nordfassade im französischen Stil, herrschaftliche Zimmer und einen entsprechend prachtvollen formalen Landschaftsgarten nach kontinentalen Vorbildern. Der wilde Fluss des Ise wurde gebändigt und zu einer strengen Abfolge gerader, rechtwinklig abknickender Wasserläufe umgeformt. Ein riesiger Bereich mit formalen Gärten entstand, mit einem System aus Kanälen sowie mehreren Terrassenparterres und Springbrunnen, die die natürliche Hanglage des Geländes nutzten. 1709 erbte sein Sohn John das Anwesen und nahm weitere Neuerungen vor (er schuf Alleen von insgesamt 37 Kilometer Länge und Reitwege durch die umgebenden Wälder). Um 1730 soll Landschaftsgärtner Charles Bridgeman mitgewirkt haben. Diese formale Landschaft existierte 60 Jahre lang bis zu Johns Tod 1749.

Wäre Boughton für seine Besitzer von größerer Bedeutung gewesen, hätte es passieren können, dass Capability Brown radikale Veränderungen vorgenommen hätte. Dass es anders kam, lag laut dem jetzigen Duke of Buccleuch daran, dass „das Haus damals zweimal nacheinander in weiblicher Linie an Familien wie meine eigene vererbt wurde, denen schon etliche Häuser gehörten. So verlor Boughton an Bedeutung, und es galt nur die Devise, es nicht zu verschandeln. Stattdessen ließ man es verfallen. Es wuchs zu und verschwand praktisch, und am Schleusentor entfernte man den Schieber."

Ab den 1970ern wurden gelegentlich ein paar alte Elemente restauriert, angefangen mit dem Broad Water, einem großen eckigen Reservoir, das zahlreiche Springbrunnen in den längst nicht mehr existierenden unteren Gärten speiste. Seit der Jahrtausendwende hat der Duke mehr Restaurierungen vorgenommen, zuletzt des Grand Etang beim Haus, eines 0,4 Hektar großen rechteckigen Sees mit abschüssigen Ufern, der 6,8 Millionen Liter Wasser fasst. Seine Fontäne, die eine 20 bis 30 Meter hohe Wassersäule erzeugt, erinnert an

„Orpheus" ist ein neues von Kim Wilkie geschaffenes, in die Erde versenktes Wasserbecken im teilweise restaurierten landschaftlich gestalteten Park (17./18. Jahrhundert) von Boughton House in Northamptonshire. „Orpheus" war 2010 fertig. Per Laservermessungsgerät, das den Bagger steuerte, konnte das zuvor auf dem Computer bis ins Detail erarbeitete Design von „Orpheus" exakt umgesetzt werden.

ihre wunderbare Vorgängerin der 1690er-Jahre (und übertrifft sie dank moderner Technik an Höhe).

In Boughton wird aber auch vorausgeschaut und für kommende Generationen Neues geschaffen. So beauftragte der Duke Landschaftsarchitekt Kim Wilkie, ein zum Rest des Parks passendes neues Element zu kreieren. Das Ergebnis ist „Orpheus", ein faszinierendes abgetreppt in die Erde hineingebautes Gebilde, quasi als Spiegelbild zu einem angrenzenden Hügel aus den frühen Tagen des Parks. 2010 fertiggestellt, animiert „Orpheus" den Besucher, den gleichmäßigen Hang bis zum Wasser hinabzusteigen. Frisches, reines Quellwasser von andernorts im Park sammelt sich zunächst in einer offenen kubischen Struktur in Sichtweite des Beckens, von wo es über einen kurvigen Kanal bis in die Vertiefung geleitet wird.

„Ich hoffe, es fügt sich unaufdringlich in die Landschaft ein", sagt Wilkie. Das tut es. Die Maße, Proportionen und Neigungswinkel wurden sorgfältig am Computer ausgearbeitet und dann auf ein Laservermessungsgerät übertragen, sodass der Bagger dank sehr präziser Steuerung Neigung und Hänge wie gewünscht ausgeschachtet hat. Die heutige Technik ist eine ganz andere als die des 18. Jahrhunderts, als die alten „Erdwerke" wahrscheinlich mithilfe von Lotschnur, Theodolit und Augenmaß entstanden. Das neue Werk kann – sehr passend – als Metapher für den Orpheus-und-Eurydike-Mythos interpretiert werden, wobei Orpheus' verhängnisvolle Neugier auf das Zeitalter der Aufklärung anspielen dürfte mitsamt der Poesie, der Politik und den spiegelnden Wasserflächen, die dem Konzept des Landschaftsparks im frühen 18. Jahrhundert zugrunde liegen.

LINKS Im Park von Boughton stehen viele schöne Bäume, und seine Alleen lenken das Auge zu fernen Horizonten. In den 1680er-Jahren wurden hier ausgeklügelte Landschafts- und Wassergärten angelegt, und ab 1709 verschönerte die nächste Generation den Park mit Alleen von insgesamt rund 37 Kilometer Länge.

RECHTS Der ebenerdige Bereich von „Orpheus": Frisches hierher geleitetes Quellwasser speist ein quadratisches mit einem offenen Kubus überbautes Becken, fließt durch einen schmalen gewundenen Kanal und mündet schließlich in das Bassin am Grund der grasbewachsenen Vertiefung (s. Abb. S. 280–281).

15 MODERNE GÄRTEN

Einer der Schaugärten auf der Chelsea Flower Show von 1959 war „Der Garten von morgen“, in dem die neuesten Geräte zu besichtigen waren, etwa ein Aluminiumgewächshaus mit Nebelerzeugungsanlage sowie automatischer Bodenerwärmung und -bewässerung. Es gab auch einen ferngesteuerten Rasenmäher von Webb, den Vorläufer der heute so beliebten Mähroboter. Da ihn aber jemand mittels Hand-Fernbedienung steuern musste, konnte er sich nicht durchsetzen. (Das änderte sich mit dem Luftkissenmäher Flymo von 1964.) Den modernen Geräten zum Trotz war „Der Garten von morgen“ als solcher der Vergangenheit verhaftet, bestand er doch aus dem üblichen Vorstadtrasen mit an den Rand gezwängten Blumenbeeten ringsum – und vielen Rhododendren wie die meisten Gärten der Show von den 1920er- bis in die frühen 1990er-Jahre.

1962 stellte der junge Landschaftsarchitekt John Brookes einen anderen, modernen Garten aus, dem die nahende Ära der Beatles, Mary Quants, des Minirocks und des Mini-Pkw anzumerken war. Mit seinen klaren, geraden Linien, einer kubischen Pergola über einem quadratischen Becken und modernen Möbeln war er stilistisch gegenüber dem „Garten von morgen“ zweifellos ein Fortschritt.

In den 1960ern und 1970ern ging es in ländlichen Gärten noch immer vor allem um Pflegeleichtigkeit, weswegen man auf Rhododendren und Bodendecker wie Erika, *Pachysandra* und Efeu setzte, die auch die hohen Steuern und den Arbeitskräftemangel verschmerzen ließen. Das änderte sich in den boomenden 1980ern unter Margaret Thatchers konservativer Regierung. Wichtige Ausstellungen hatten in der Dekade davor auf die Notlage des englischen Landhauses und seiner Gärten und auch Edwin Lutyens' Wirken aufmerksam gemacht. Das war der Beginn einer langen Phase historischer Restaurierung, verbunden mit einem Gertrude-Jekyll-Revival. Plötzlich interessierte man sich für Knoten- und andere Muster, die man in alten Büchern und alten Staudenrabatten fand. Traditionelle Stile überwogen, und die Moderne machte sich in der englischen Landgartenszene noch immer kaum bemerkbar, aber die Leute erwärmten sich wieder für Rosen, weil sie zu Gärten à la Sissinghurst passten, und David Austin züchtete eigenwillige altmodische Sorten, die (teilweise) resistenter gegen Krankheiten waren.

Tim Richardson, Chronist englischen Gärtnerns im 20. Jahrhundert und Direktor des Chelsea Fringe (ein innovatives, inzwischen internationales Event,

Seinen „Hortus Conclusus“ entwarf Christopher Bradley-Hole für den verstorbenen Scheich Zayid bin Sultan Al Nahyan (damals Emir von Abu Dhabi und engagierter Gärtner und Umweltschützer) als Ausstellungsstück der Chelsea Flower Show 2004. Wegen seines stimmigen modernen Designs und der innovativen Bepflanzung wurde er mit dem „Best-in-Show“-Preis ausgezeichnet.

IM UHRZEIGERSINN Kiefern und Vulkangestein: Eine Galerie moderner Details. Charlotte Harris' RBC (Royal Bank of Canada) Garden auf der Chelsea Flower Show 2017 mit *Pinus banksiana.* Bonsai-Kiefer in einem „See" aus Japangras in einem Garten von Christopher Bradley-Hole. Basaltpyramiden in Hugo Buggs RBC Garden auf der Chelsea Flower Show 2016. Basaltpflaster mit eingelassenen Wasserbecken und -rinnen im „Hortus Conclusus" von Christopher Bradley-Hole (s. Abb. S. 284).

das parallel zur RHS-Schau stattfindet), hat beobachtet, dass „die historistische Ausrichtung der Jahre 1985 bis 1990 in den frühen 1990ern anhielt und ein Anwesen und größerer Garten nach dem anderen restauriert wurde … Im letzten Jahrzehnt des 20. Jahrhunderts war alles restauriert, was restauriert werden konnte … Restaurieren war politisch unstrittig, was öffentliche Umfragen zu stützen schienen, während jede moderne Gestaltung mit großer Wahrscheinlichkeit vorschnell abgelehnt wurde (ein Paradebeispiel ist Kathryn Gustafsons durchgefallener Entwurf für den Crystal Palace Park Ende der 1990er). Diese auf die Vergangenheit fixierte Sicht auf Gärten wurde legitimiert durch eine ultra-historistische Tendenz in der Gartengeschichtsschreibung, die das Konzept des ‚Neuen' als grundlegend verfehlt hinstellte."

Doch wie der Romanautor L. P. Hartley in *The Go-Between* festgestellt hat, ist „die Vergangenheit … ein fremdes Land, dort gelten andere Regeln". In den 1990ern gab es die sozialen Medien mit ihrem freien Austausch der Ideen noch nicht. Genauso wenig Smartphones, iPads und, für alle außer Computerfreaks, das Internet. Aus heutiger Sicht wirkt die Besessenheit des späten 20. Jahrhunderts fürs Restaurieren wie ein Abgesang, bevor die englische Gartenwelt endlich einen Schritt nach vorn tat und sich auf das neue Jahrtausend einließ.

Zahlreichen Analysen zufolge sind zwei wichtige Ereignisse in den 1990ern für die Abkehr der englischen Gartengestaltung vom Arts-and-Crafts-Garten verantwortlich. Das erste war ein Symposium in Kew Gardens 1994, das britische Gestalter mit dem naturnahen und nachhaltigen Stauden-Gräser-Konzept bekanntmachte, mit dem öffentliche Parks in Deutschland verjüngt worden waren, wie auch mit Piet Oudolfs wogenden Gräsern und Stauden – freier wirkenden Bepflanzungsstilen, die zur modernen Sorge um Natur und Umwelt passten. Und das zweite war der 1997 von Christopher Bradley-Hole auf der Chelsea Flower Show für den *Daily Telegraph* gestaltete Latin Garden, der erste wirklich überzeugende, mit dem Preis „Best in Show" ausgezeichnete moderne Garten der Schau. In ihm verbanden sich semi-naturnahe, für trockene Kiesgärten geeignete Ideen, ernstzunehmendes von der RHS-Jury geschätztes Gärtnern und gekonnte moderne Gestaltung mit einem Narrativ, das zugleich antik (es ging um die Lebensgeschichte des römischen Dichters Vergil) und brandneu war.

Die Gärten dieses Kapitels illustrieren auf ganz unterschiedliche Weise die neue, moderne Ausrichtung des englischen Gärtnerns. In Großbritannien existiert mit der einzigartigen Society of Garden Designers ein immer größer werdender Zusammenschluss von Profis, dessen jüngere Mitglieder genug Talent, Selbstvertrauen, Fantasie und Kontakte haben, um in einer Welt mit gravierenden Umweltproblemen erfolgreich zu agieren. Englische Gärtner werden weiter schöne Gärten in vielen verschiedenen Stilen anlegen – so unterschiedlich, wie wir selbst es sind. Das Besondere am 21. Jahrhundert ist, dass es mittlerweile tragfähige Alternativen zum Historismus gibt, und so können wir gespannt sein auf die zukünftige Entwicklung englischer Gärten.

SCAMPSTON HALL

NORTH YORKSHIRE

Dieser große ummauerte Garten, den man für Besucher attraktiver gestalten wollte, verdankt sein modernes Design Piet Oudolf

Scampston Hall liegt im fruchtbaren Agrarland Yorkshires auf halbem Weg zwischen York und der Nordseeküste und ist ein elegantes Regency-Haus, mit dem die Namen mehrerer bedeutender Persönlichkeiten verknüpft sind. Charles Bridgeman (1690–1738) wurde im frühen 18. Jahrhundert mit Arbeiten im Park betraut, und eine Generation später riet Capability Brown zu Korrekturen. Wie viele von Browns Kunden ließ auch Sir William Saint Quintin diese Veränderungen auf Scampston 1772/1773 von seinen eigenen Arbeitern ausführen. Zufrieden mit dem Ergebnis, schrieb er im März 1773 an Brown:

> *Ich danke Ihnen für Ihren freundlichen Brief mit dem Plan für die Kaskade, der mir bestens gefällt … Der Grenzgraben beidseits des Tors ist fertig und sieht äußerst reizvoll aus … Im nächsten Monat werde ich irgendwann in London sein und mache Ihnen dann gewiss meine Aufwartung. Vorerst erbitte ich die wohlwollende Annahme von ein paar Yorkshire-Schinken …*

Nördlich des Herrenhauses liegt ein herrlicher 1,8 Hektar großer ummauerter Garten, der ebenfalls im 18. Jahrhundert entstanden war und bis ins 20. Jahrhundert voll bewirtschaftet wurde. Dann war er jedoch als traditioneller Küchengarten nicht mehr rentabel und wurde zu einem Bereich für die Schafzucht und den Anbau von Weihnachtsbäumen herabgestuft.

Nachdem Sir Charles Legard und seine Frau Caroline 1994 sein Elternhaus bezogen hatten, renovierten und modernisierten sie es jahrelang sorgfältig. 1998 besuchten sie John Cokes berühmten Garten Bury Court in Hampshire, als der niederländische Gartengestalter Piet Oudolf dort einen Vortrag über seine

LINKS Bequemes Plätzchen: Von den herzförmigen Blättern eines mehrstämmigen Japanischen Katsurabaums gerahmt, stehen die Holzstühle auf der Perennial Meadow („Staudenwiese“) inmitten hoher violetter Katzenminze (*Nepeta racemosa* ‘Walker’s Low’) und Steppen-Salbei (*Salvia nemorosa* ‘Amethyst’) sowie pinker Sprengsel von Schwarzäugigem Storchschnabel vorn und Tupfern dunkelroter Mazedonischer Witwenblumen dahinter.

RECHTS Blick über die Staudenwiese auf die Dächer der alten Remise und des einstigen Stalls.

VORHERIGE DOPPELSEITE Das Tauchbecken auf der Staudenwiese. Hier wachsen u. a. *Salvia* 'Amethyst', *Nepeta racemosa* 'Walker's Low', Storchschnabel (*Geranium* 'Rose Clair'), *Knautia macedonica* und Karthäusernelke.

UNTEN Syrisches Brandkraut zwischen Westlichem Sonnenhut, *Salvia* 'Amethyst', Ziest (*Stachys officinalis* 'Hummelo') und Sternkugel-Lauch.

RECHTS Der Silent Garden mit 24 Eibensäulen, die spektakuläre Schatten werfen und sich teilweise im Becken spiegeln.

Verwendung von Stauden in breiten, auffälligen Streifen mit integrierten Ziergräsern hielt. Das brachte sie auf die Idee, ihren ummauerten Garten zu erneuern und auf interessante moderne Art zu verschönern. Von Anfang an als Besucherattraktion geplant, war er eins von Oudolfs ersten Projekten in Großbritannien.

Am Eingang des ummauerten Gartens lädt ein umlaufender Weg zur Erkundung ein und gewährt zwischen Buchenhecken und dahinter aufragenden Spalierlinden erste Einblicke. Am Weg verläuft entlang der Mauer eine Rabatte mit Baumpäonien, Hortensien, Funkien, Flieder, Farnen, Elfenblumen, Goldkolben und vielen weiteren Pflanzen.

Das Gestaltungskonzept für den ummauerten Garten erschließt sich am besten von oben. Mit seiner Formalität wird auf die englisch-niederländischen Gärten aus dem späten 17. Jahrhundert angespielt, hier in einer Interpretation des 21. Jahrhunderts. Die weitgehend symmetrische Anordnung und die Unterteilung in rechteckige Sektionen mit unterschiedlichen Schwerpunkten nehmen auf beide Traditionen Bezug. Einige davon sind mit Rasen zwischen den Formschnittfiguren und den mit modernen Gräsern bepflanzten Beeten gestaltet. Im Herzen des Gartens, parallel zu den restaurierten Gewächshäusern, liegt ein quadratischer Bereich mit Kieswegen und einem zentralen Becken. Seine großen Beete sind die ganze Saison über mit dem Gesumm der Bienen erfüllt, die die typisch Oudolf'schen Stauden umschwirren.

Mittlerweile denkt sich mit Christopher und Miranda Legard die nächste Generation neue Möglichkeiten aus, damit ihr altes Anwesen sich selbst trägt. Der geliebte ummauerte Garten steuert das Seine dazu bei, dass Scampston Hall im 21. Jahrhundert bestehen kann.

BROUGHTON GRANGE

OXFORDSHIRE

Gartengestalter Tom Stuart-Smith legte hier einen neuen teils mit Mauern, teils mit Hecken eingefassten Garten auf drei Ebenen an

Im April blüht es überall in England. Und auch die Tulpen zeigen sich dann in voller Schönheit. Im ganzen Jahr gibt es keinen schöneren Monat – bis auf den Mai (und auch da blühen u. a. Tulpen!). Die Engländer begeistern sich von Jahr zu Jahr mehr für diese Zwiebelpflanzen, schon fast so sehr wie die Niederländer. Und so bereiten sich immer mehr Gärten lange im Voraus auf ihr jährliches Tulpenfest vor (oder eine bescheidenere Variante davon), bei dem die Vorzüge dieser besonderen, heißgeliebten Blume gewürdigt werden.

Obwohl im Frühling überall in Parks, Gärten, an den Küsten, auf Verkehrskreiseln, in Kübeln und Balkonkästen zu sehen, sind Tulpen auf den Britischen Inseln nicht einheimisch, sondern stammen aus Zentralasien und der Levante – um vor über 400 Jahren die Herzen der Nordeuropäer zu erobern. In *Die Tulpe*, ihrer meisterhaften Hommage an diese Zwiebelpflanze, erzählt Anna Pavord, dass höchstwahrscheinlich Hugenotten die Tulpe in der zweiten Hälfte des 16. Jahrhunderts von Flandern nach England brachten. Lange bevor die Holländer den Markt beherrschten, sei Flandern das bedeutendste Zentrum der Tulpenzucht in Europa gewesen.

Eine traditionelle Art, Gartentulpen zu präsentieren, sind buchsgesäumte Beete. Auf Broughton Grange hat diese klassische Kombination, bei der sich die leuchtenden Farben der Tulpen von den frischen Grüntönen des Buchslaubs abheben, dank Landschaftsgestalter Tom Stuart-Smith 2001 eine ganz neue Dimension erreicht. Vom Besitzer Stephen Hester damit beauftragt, den Garten umfassend zu verändern und neue Bereiche darin zu schaffen, nutzte Stuart-Smith die gleichmäßige Neigung des Geländes nach Süden für die Anlage eines quadratischen Areals mit drei breiten, abgestuften Terrassen. Sie sind jeweils in drei deutlich getrennte Sektionen unterteilt, in deren mittlerer ein quadratisches Becken mit Trittsteinen liegt, die in gerader Linie über das Wasser führen. Der gesamte Garten ist nur auf der West- und der Nordseite mit Mauern umschlossen (von dem Architekten Ptolemy Dean entworfene Steinmauern mit Stufen und Stützpfeilern), sodass man nach Osten und Süden in die schöne hügelige Landschaft von Oxfordshire blickt.

Auf den beiden oberen Terrassen geht es um Stauden und Gräser entsprechend Stuart-Smiths Interpretation der naturnahen Herangehensweise des modernen „New Perennial Movement" (Staudenbewegung); die mittlere ist außerdem mit großen an Spielfiguren erinnernden Topiaris aus Rotbuche bevölkert. Das Tulpen-zwischen-Buchs-Frühlingsschauspiel findet auf der untersten Terrasse statt, die, wie die Fotos zeigen, ganz und gar ungewöhnlich gestaltet ist. Stuart-Smiths geordnetes, aber komplexes abstraktes Design beruht auf den Blättern der umgebenden Buchen, Eichen und Eschen, genauer: auf ihren unter dem Mikroskop sichtbaren Zellstrukturen. Ein Muster aus unregelmäßigen Hecken ist mit rund 5000 Tulpen aufgefüllt, und zwar in je mehrfach vorkommenden

Aus einem originell geformten Buchsparterre, dessen Design auf den vergrößerten Zellstrukturen von Blättern beruht, ragen Tulpen. Sie haben viele verschiedene Farben, werden aber in abgetrennten Bereichen sortenweise in Gruppen gepflanzt, was die Farbwirkung verstärkt.

UNTEN Tulpen auf der untersten Terrasse des ummauerten Gartens.

RECHTS Von der oberen Terrasse des ummauerten Bereichs verläuft ein Kanal Richtung Süden und mündet in das Becken in der Gartenmitte.

Gruppen leuchtender Sorten, die in der Mitte oder am Ende der Saison blühen. Laut Stuart-Smith überwiegen Triumph-, lilienblütige und 'Viridiflora'-Tulpen. Lebhafte Rot- und Lilatöne und gelb-rote Streifen sehen vor dem frischen Grün des jungen Buchslaubs ebenso gut aus wie Orange- und kräftige Pinktöne, und so werden immer mal wieder neue Ideen und Sorten ausprobiert.

Der Garten bietet aber viel mehr als das und ist nun regelmäßig für Besucher geöffnet. Stephen Hester selbst liegt vor allem am Arboretum, das er jahrelang um immer wieder neue Bäume erweitert hat und das heute eine bedeutende Baumsammlung auf rund 32 Hektar ist. Traditionelle formale Gärten am Haus erinnern an die viktorianische Zeit; außerdem gibt es Wildblumenwiesen und eine Gärtnerei.

OLD RECTORY, NAUNTON

GLOUCESTERSHIRE

Charakteristisch für diesen Garten ist eine Reihe sorgfältig bepflanzter Bereiche im Schutz hoher ohne Mörtel aufgeschichteter Trockenmauern

Der edwardianische Architekt Harold Peto, der auch viele wunderbare Gärten schuf, meinte einmal: „Alte Steingemäuer führen einem die Vergangenheit auf eine Art vor Augen, wie ein Blumengarten es nicht vermag. Genauso wenig überzeugen Gärten mit zu viel Stein; am besten gelingt es mit einer ausgewogenen Kombination von beidem." Peto zielte mit diesen Worten zwar nicht auf die Old Rectory von Naunton und ihren Garten, doch hier besteht zwischen Haus, Gartenmauern, Pflasterung und den vielfältigen Pflanzen ein so perfektes Gleichgewicht, dass er sie gemeint haben könnte.

Angela Cronk und ihr Mann Michael waren schon viele Male in den Cotswolds gewesen, bevor sie beschlossen, von London hierhin umzuziehen. Als sie die zum Verkauf stehende Old Rectory inspizierten, bot diese einen abschreckenden Anblick; die damaligen Besitzer waren nicht da, und Haus und Garten wirkten teilweise vernachlässigt. Das Paar erkannte aber das Potenzial, und Angela, die jahrelang die Aktivitäten des Gartengestalters Dan Pearson verfolgt hatte, war sich sicher, dass sie es mit seiner Unterstützung schaffen würden. Das Haus musste renoviert werden, aber parallel entwarfen sie nach Pearsons Vorgaben ein neues Pflaster und Trockenmauern für den Garten. Am Ende, erinnert sie sich, war der Steinmetzmeister Steve Swatton wegen diverser Schlechtwetterphasen über ein Jahr auf Naunton tätig. Das Ergebnis ist die Zeit und Mühe wert.

Die Old Rectory nimmt eine fast quadratische etwa 0,4 Hektar große Fläche in der Dorfmitte ein und ist von hohen Mauern umschlossen, die im Norden eine Lücke aufweisen, um Zugang zum Windrush zu ermöglichen, der hier

LINKS In die neuen Trockenmauern wurden „Schießscharten" mit Eichenrahmen eingelassen, durch die man verlockende Blicke in andere Teile des Gartens hat. Im nassen Boden an den Teichufern gedeiht der gelb blühende Kerzen-Goldkolben 'The Rocket'.

RECHTS Eine Tür im Hof ist umrankt von der kräftig gelb blühenden Klematis 'Bill MacKenzie'.

VORHERIGE DOPPELSEITE
Das Ende des ummauerten Kanalgartens markiert eine Loggia mit langer Bank, von der aus man auf den Essplatz im Freien und das Haus sieht.

UNTEN Auf der Südterrasse ragen mehrstämmige Kupferfelsen-Birnbäume aus Buchsquadern.

RECHTS An der Südfassade des Hauses hüllt Blauregen die Erdgeschossfenster ein. Flache Buchsquader bilden grüne Ruheinseln zwischen den Blüten wechselnder Stauden und den aufrechten Rispen des schicken Grases *Calamagrostis × acutiflora* 'Karl Foerster'.

fließt. Nach Norden, Osten und Süden zu ist das Gebäude von Garten umgeben, und ein paar flache Stufen führen vom Haus geradewegs auf eine sonnige Südterrasse. Hier schuf Pearson mit Buchsquadern strukturelle Akzente. Die Topiari sind von weicherer Bepflanzung und mehrstämmigen Kupferfelsenbirnen umgeben, die in drei Jahreszeiten attraktiv sind: im Frühling ihrer Blüten, im Sommer ihres hübschen grünen Laubs und dann ihrer herrlichen Herbstfärbung wegen. Von der Südterrasse gelangt man Richtung Osten über eine kleine Wildblumenwiese und einen Rasen zum Swimmingpool, der weitgehend von natürlich wirkenden Bäumen und Sträuchern abgeschirmt wird.

Wendet man sich von hier Richtung Norden, kommt man zu einem ummauerten Refugium, in dessen östlicher Hälfte ein langer Kanal mit beidseits üppig bepflanzten Beeten fließt. Die westliche Hälfte dieses Bereichs unweit des Hauses dient als Essplatz im Freien, und in der nordöstlichen Ecke legte Pearson in Nähe des Flusses einen Teich mit einem Sumpfgarten ringsum an. Dahinter liegt der kleine Küchengarten mit formal angeordneten Hochbeeten.

Insgesamt ein idyllischer Garten, in dem jeder Bereich seinen speziellen Zweck und seine ganz eigene Atmosphäre hat. Hakt man nach, gesteht Angela Cronk, dass ihr besonders der Teich und der Bereich am Fluss am Herzen liegen: „Ich finde Wasser so reizvoll; die Fische, die Reiher, die an den Ufern nistenden Vögel – da ist so viel los; immer wieder zieht es mich dorthin."

HAUSER & WIRTH, BRUTON

SOMERSET

Neben einer führenden Galerie für zeitgenössische Kunst schuf der Gartengestalter Piet Oudolf eine inspirierende Landschaft

In den benachbarten westlichen Grafschaften Somerset und Dorset gibt es viele alte Orte mit kuriosen Namen. Wyke Champflower, Kington Magna, Stour Provost, Shepton Montague, Weston Bampfylde, Sandford Orcas oder Ryme Intrinseca – wen verzaubern solche Namen nicht, die Romanen von Thomas Hardy oder Anthony Trollope entstammen könnten?

Eingebettet in eine hübsche sanfte Hügellandschaft zwischen diesen poetisch klingenden Orten liegt Bruton – zwar ist der Name weniger wohlklingend, aber auch diese Stadt ist alt und klein. Im „Domesday Book" von 1086 heißt sie Bruuetone: „Fluss mit starker Strömung". Sie zieht schon lange New-Age-Anhänger und Künstler an und gilt spätestens als „cool", seit die Kunstgalerie Hauser & Wirth 2014 Durslade Farm am Ortsrand bezog.

Eine lange mit Hecken eingefasste Weide neben den Galeriebauten sollte „Oudolf Field" werden (benannt nach dem namhaften niederländischen Gartengestalter Piet Oudolf, der es schuf): eine 0,6 Hektar große Staudenwiese mit Inselbeeten, zwischen denen sich ein „Kieselfluss" mit kreisrunden Raseninseln hindurchwindet.

Der typische Oudolf-Look ist unverkennbar: reichlich Stauden in großzügigen verschmelzenden Streifen, zwischen denen hier und da sehnige Präriegräser aufschießen. Ein impressionistischer, freier Stil, der viele Anhänger gefunden hat: Oudolfs Einfluss auf die Landschaftsplanung des 21. Jahrhunderts ist immens, wie z. B. auch der Garten von Scampston Hall (S. 289) zeigt.

Oudolf wählt seine Pflanzen vor allem nach Typ, Blattform und Textur; ihre Blüten sind oft klein, dafür aber zahlreich, und er mag Pflanzen, die „schön sterben" und den ganzen Winter über skulpturale Fruchtstände tragen. Er mischt sie auf eine fast „impressionistische" Art so, dass disparate Farben zusammenpassen – sogar das Ziegelrot von z. B. Sonnenbraut direkt neben dem Magenta des Blutweiderichs oder dem metallischen Blau der Kugeldistel. Hätte man Gertrude Jekyll mit Oudolfs scheinbar lockerer Haltung zu sich beißenden Farben konfrontiert, hätte sie wahrscheinlich zum Riechsalz gegriffen. Da sie andererseits sehr an impressionistischer Kunst interessiert war – *dem* Thema ihrer Zeit –, hätte sie Oudolfs Furchtlosigkeit vielleicht aber auch gemocht. Man denke an Vincent van Goghs pastose Gartenansichten aus Arles oder auch an die heiteren, sorgfältig komponierten Bilder von Hercules Brabazon, Jekylls Freund und Mentor (der seine schönen Landschaftsgemälde erst spät öffentlich ausstellte, ermutigt von John Singer Sargent), oder Jekylls eigene vorzügliche Gemälde. Sie haben alle ihren Wert. Was in der Galerie ausgestellt ist, muss man nicht ausnahmslos mögen, aber man müsste schon ein Herz aus Stein haben, um sich draußen vom changierenden Somerset-Licht, das über dem „Oudolf Field" tanzt, und den Myriaden Schmetterlingen, die es den ganzen Sommer über besuchen, nicht anrühren zu lassen.

Das „Oudolf Field" bei der Kunstgalerie Hauser & Wirth ist eine mit Hecken eingefasste lange, rechteckige, 0,6 Hektar große Wiese mit passender impressionistisch wirkender Bepflanzung: ein Gemisch aus Gräsern und von Sommer bis Herbst blühenden Stauden, darunter Roter Sonnenhut, Blutweiderich und Sonnenbraut.

Sommermixtur: An kräftige Pinselstriche auf einer Leinwand erinnern diese großen Farbschwünge diverser Stauden, darunter terrakottafarbene Sonnenbraut (*Helenium* 'Moerheim Beauty'), Kugeldisteln, Fetthennen, *Allium* 'Summer Beauty' und *Origanum* 'Hopleys'.

NACHWORT

November, ein richtiger nebliger Herbsttag. Die Gärten für die deutsche Ausgabe von ENGLISH GARDENS sind ausgewählt, und ihre Geschichten ziehen unausweichlich – zumindest in Gedanken und beim Tee zu dieser Jahreszeit – in die englische Countryside.

Auf den britischen Inseln entwickelte sich die Gartenkultur zur Blüte wie in keiner anderen Gegend Europas. Das anhaltende Interesse an Gartenreisen nach Großbritannien bestätigt die lebendige, sich neuen Schönheitsidealen und gesellschaftlichen Aufgaben öffnende englische „Gartenszene". Die interessantesten und innovativsten Gärten entwickeln sich noch heute inmitten dieser berührenden Kulturlandschaften, und sie gehen alle auf einen Ursprung zurück: die tief verwurzelte Liebe, Begeisterung oder sogar Obsession der englischen Gartenbegeisterten für Pflanzen, Gärten und Natur sowie ihrem Bedürfnis nach kreativer Gestaltung.

Mit einem sicheren Gespür für Spannung präsentiert die versierte Gartenjournalistin Kathryn Bradley-Hole die ausdrucksstärksten Gärten, Klassiker sowie Neuentdeckungen und damit eindrucksvoll die Bandbreite englischer Gärten. Sie führt lebendig durch die Gartengeschichte und die Lebensentwürfe zahlreicher Gärtnerpersönlichkeiten.

In Form geschnittene Gehölze begeisterten bereits in elisabethanischen Gärten wie Levens Hall (17. Jh), im viktorianischen Zeitalter, zu sehen in Haseley Court (19. Jh), und bleiben für Top-Designer unserer Zeit wie Piet Oudolf (Scampston Hall), Dan Pearson (Old Rectory), Arne Maynard (Allt-y-Bela) sowie Tom Stuart-Smith (Broughton Grange) ein wesentliches Gestaltungselement ihrer naturalistischen Gärten.

Geschützt hinter hohen Mauern liegen die Gärten der großen Kathedralen. Welche ländliche Idylle mit frei laufenden Hühnern oder fein gestalteten Staudenbeeten sich hier offenbart, überrascht in den Kleinoden der Domfreiheit von Canterbury oder des Bischofspalasts von Wells. Die ehemals privaten Gärten legendärer Gärtner und Gärtnerinnen wie Sissinghurst (Vita Sackville-West), Munstead Wood (Gertrude Jekyll), Barnsley House (Rosemary Verey), Great Dixter (Christopher Lloyd) oder Gravetye Manor (William Robinson) werden als Modellgärten bahnbrechender Gestaltungsideen geschätzt und gehen mit innovativen Konzepten als exklusive Hotelgärten oder experimentelle Ausbildungsstätten für Gärtnerinnen und Gärtner ins 21. Jahrhundert.

Die Entwicklung der Rasenmäher und Gewächshäuser ist ebenso spannend wie die der Küchengärten mitsamt ihrer aktuellen Renaissance. Das Pflanzensammeln stimuliert ein primitives Lustzentrum im Gehirn, schreibt Kathryn Bradley-Hole, und diese vergnügliche menschliche Schwäche führt nicht nur zur „Galanthophilie", der Sammelleidenschaft für Schneeglöckchen, die bereits über den Kanal zu uns auf den Kontinent gehüpft ist. Auch Liebhaberpflanzen wie Rhododendron im Waldgarten von Leonardslee, Duftwicken in Bramdean House oder Rosen am Herrenhaus Elsing Hall treffen uns Gartenmenschen mitten ins Herz.

Anja Birne

LINKS In Gina Price's Cottage-Garten von Pettifers in Oxfordshire.

20
Newcastle-upon-Tyne
Carlisle
34
29
York
Manchester
11
3
17
Stoke-on-Trent
Nottingham
12
13
Norwich
21
Leicester
Birmingham
26
Cambridge
28
8
25
Cheltenham
9
5
Oxford
2
16
1
18
GREATER LONDON
Bristol
Bath
10
33
24
4
14
30
19
7
23
6
15
35
22
Southampton
27
Brighton
31
32
Exeter

DIE GÄRTEN

KARTENLEGENDE

1 Allt-y-Bela, Monmouthshire
Seiten 49–53

2 Barnsley House, Gloucestershire
Seiten 91–93

3 Biddulph Grange, Staffordshire
Seiten 269–273

4 Garten des Bischofspalasts, Wells, Somerset
Seiten 63–67

5 Blenheim Palace, Oxfordshire
Seiten 107–109

6 Borde Hill, West Sussex
Seiten 251–253

7 Bramdean House, Hampshire
Seiten 157–161

8 Broughton Grange, Oxfordshire
Seiten 295–297

9 Burford Priory, Oxfordshire
Seiten 59–61

10 Domfreiheit der Kathedrale von Canterbury, Kent
Seiten 69–71

11 Chatsworth House, Derbyshire
Seiten 191–195

12 Culland Hall, Derbyshire
Seiten 255–257

13 Elsing Hall, Norfolk
Seiten 259–263

14 Gravetye Manor, West Sussex
Seiten 177–181

15 Great Dixter, East Sussex
Seiten 239–245

16 Greyhounds, Oxfordshire
Seiten 135–139

17 Gwaenynog, Denbighshire
Seiten 141–145

18 Haseley Court, Oxfordshire
Seiten 37–41

19 Hauser & Wirth, Bruton, Somerset
Seiten 305–307

20 Herterton House, Northumberland
Seiten 85–89

21 Hilborough House, Norfolk
Seiten 79–83

22 Knightshayes Court, Devon
Seiten 183–185

23 Leonardslee, West Sussex
Seiten 151–155

24 Munstead Wood, Surrey
Seiten 219–225

25 Old Rectory, Naunton, Gloucestershire
Seiten 299–303

26 Orpheus, Boughton House, Northamptonshire
Seiten 281–283

27 Parham House, West Sussex
Seiten 197–199

28 Perrycroft, Herefordshire
Seiten 227–231

29 Scampston Hall, North Yorkshire
Seiten 289–293

30 Sissinghurst Castle, Kent
Seiten 233–237

31 South Wood Farm, Devon
Seiten 129–133

32 Stanbridge Mill, Dorset
Seiten 111–115

33 Upton Grey, The Manor House, Hampshire
Seiten 275–279

34 Warnell Hall, Cumbria
Seiten 43–47

35 Woolbeding House, West Sussex
Seiten 117–121

BESUCHERINFORMATIONEN

Viele der Gärten in diesem Buch befinden sich in Privatbesitz und sind für Besucher nur sehr eingeschränkt zugänglich, manche nur an speziellen Tagen, um Geld für gemeinnützige Organisationen oder z. B. das National Garden Scheme zu sammeln. Deswegen sind die Kontaktdaten der vorgestellten Gärten im Folgenden aufgeführt. Auf vielen Websites finden sich auch Öffnungszeiten. Dennoch ist es ratsam, sich telefonisch zu informieren, bevor man eine längere Anreise unternimmt, denn widriges Wetter und andere unerwartete Ereignisse können auch kurzfristig zur Schließung führen.

ALLT-Y-BELA

Privat, aber zeitweise als Bed and Breakfast verfügbar
Llangwm Ucha
Usk
Monmouthshire NP15 1EZ
E-Mail: alltybela@icloud.com
www.alltybela.co.uk

LINKS Ein Spaziergang in einem großzügig angelegten Garten mit dieser schönen Aussicht begeistert auch junge Besucherinnen.

RECHTS Picknick im Sommer: Wer könnte dieser reichen Auswahl an Köstlichkeiten widerstehen?

BARNSLEY HOUSE

Offen für Gäste des Hotels, Spa und Restaurants
Barnsley, Cirencester
Gloucestershire GL7 5EE
Telefon: (01285) 740000
E-Mail: info@barnsleyhouse.com
www.barnsleyhouse.com

BIDDULPH GRANGE

Offen für Besucher als Teil des National Trust
Grange Road, Biddulph
Staffordshire ST8 7SD
Telefon: (01782) 517999
E-Mail: biddulphgrange@nationaltrust.org.uk
www.nationaltrust.org.uk

BLENHEIM PALACE

Regelmäßig für Besucher geöffnet
Woodstock
Oxfordshire OX20 1UL
Telefon: (01993) 810530
www.blenheimpalace.com

BORDE HILL

Regelmäßig für Besucher geöffnet
Borde Hill Lane
Haywards Heath
West Sussex RH16 1XP
Telefon: (01444) 450326
E-Mail: info@bordehill.co.uk
www.bordehill.co.uk

BRAMDEAN HOUSE

Privat, aber an einigen ausgewählten Tagen über das National Garden Scheme für Besucher geöffnet
Bramdean
Alresford
Hampshire SO24 0JU
www.ngs.org.uk

BROUGHTON GRANGE

Offen für Fachpublikum nach vorheriger Absprache
Wykham Lane
Broughton
Banbury
Oxfordshire OX15 5DS
Telefon: (07791) 747371
E-Mail: enquiries@broughtongrange.com
www.broughtongrange.com

BURFORD PRIORY

Privat
Oxfordshire

CHATSWORTH HOUSE

Regelmäßig für Besucher geöffnet
Bakewell
Derbyshire DE45 1PP
Telefon: (01246) 565300
www.chatsworth.org

CULLAND HALL

Einmal im Jahr für wohltätige Zwecke geöffnet; private Führungen nach Vereinbarung
Culland
Ashbourne
Derbyshire DE6 3BW
Email: lucy@culland.co.uk

DOMFREIHEIT DER KATHEDRALE VON CANTERBURY

Nur an speziellen Veranstaltungstagen für Besucher zugänglich
11 The Precincts, Canterbury
Kent CT1 2EH
Telefon: (01227) 762862
E-Mail: enquiries@canterbury-cathedral.org
www.canterbury-cathedral.org/whats-on/events

ELSING HALL

Privat, aber für vorangemeldete Gruppen nach Vereinbarung geöffnet
Elsing
Dereham
Norfolk NR20 3DX
www.elsinghall.com

GARTEN DES BISCHOFS-PALAST, WELLS
Regelmäßig für Besucher geöffnet
Wells
Somerset BA5 2PD
Telefon: (01749) 988111
www.bishopspalace.org.uk

GRAVETYE MANOR
Offen für Gäste des Hotels und Restaurants
Vowels Lane
West Hoathly
Sussex RH19 4LJ
Telefon: (01342) 810567
E-Mail: info@gravetyemanor.co.uk
www.gravetyemanor.co.uk

GREAT DIXTER
Regelmäßig für Besucher geöffnet
Northiam
Rye
East Sussex TN31 6PH
Telefon: (01797) 252878
E-Mail: office@greatdixter.co.uk
www.greatdixter.co.uk

GREYHOUNDS
Privat, aber für gewöhnlich während des alle zwei Jahre stattfindenden Burford Festivals geöffnet
Burford
Oxfordshire
www.burfordfestival.org

GWAENYNOG
Privat
Dolanog
Welshpool

HASELEY COURT
Privat
Oxfordshire

HAUSER & WIRTH, BRUTON
Geöffnet während der Öffnungszeiten der Galerie
Durslade Farm
Dropping Lane, Bruton
Somerset BA10 0NL
Telefon: (01749) 814060
www.hauserwirth.com

HERTERTON HOUSE
Öffnungszeiten per Telefon prüfen
Cambo, Morpeth
Northumberland NE61 4BN
Telefon: (01670) 774278

HILBOROUGH HOUSE
Privat
Norfolk

KNIGHTSHAYES COURT
Offen für Besucher als Teil des National Trust
Bolham
Tiverton
Devon EX16 7RQ
Telefon: (01884) 254665
E-Mail: knightshayes@nationaltrust.org.uk
www.nationaltrust.org.uk

LEONARDSLEE
Regelmäßig für Besucher geöffnet
Brighton Road
Lower Beeding, Horsham
West Sussex RH13 6PP
Telefon: (0871) 333 89
E-Mail: info@ leonardsleegardens.co.uk
www.leonardsleegardens.co.uk

MUNSTEAD WOOD
Privat, aber offen für Fachpublikum nach vorheriger Absprache
Heath Lane
Godalming
Surrey GU7 1UN
E-Mail:
contact@munsteadwood.org.uk
https://munsteadwood.org.uk

OLD RECTORY, NAUNTON
Privat
Naunton
Gloucestershire

ORPHEUS, BOUGHTON HOUSE
Begrenzt geöffnet an ausgewählten Tagen und für Gruppen nach Voranmeldung
Kettering
Northamptonshire NN14 1BJ
Telefon: (01536) 515731
E-Mail: info@boughtonhouse.co.uk
www.boughtonhouse.co.uk

PARHAM HOUSE
An ausgewählten Tagen während der Saison geöffnet
Pulborough
West Sussex RH20 4HS
Telefon: (01903) 742021
E-Mail: enquiries@parhaminsussex.co.uk
www.parhaminsussex.co.uk

PERRYCROFT
Privat, aber für Gruppen nach Voranmeldung geöffnet
Jubilee Drive
Upper Colwall
Malvern
Herefordshire WR13 6DN
Telefon: (07858) 393767
E-Mail: info@perrycroft.co.uk
www.perrycroft.co.uk

SCAMPSTON HALL
Regelmäßig geöffnet für Besucher und angemeldete Gruppen; nach eingeschränkten Besuchszeiten fragen
Malton
North Yorkshire YO17 8NG
Telefon: (01944) 759111
E-Mail: info@scampston.co.uk
www.scampston.co.uk

SISSINGHURST CASTLE
Offen für Besucher als Teil des National Trust
Biddenden Road
Cranbrook
Kent TN17 2AB
www.nationaltrust.org.uk

SOUTH WOOD FARM
Privat, aber gelegentlich für einen Charity-Tag im Rahmen des National Garden Scheme für Besucher geöffnet sowie für Gruppen nach Voranmeldung
Cotleigh, Honiton
Devon EX14 9HU
www.ngs.org.uk

STANBRIDGE MILL
Privat, aber gelegentlich für einen Charity-Tag im Rahmen des National Garden Scheme für Besucher geöffnet
Gussage All Saints
Dorset BH21 5EP
www.ngs.org.uk

UPTON GREY, THE MANOR HOUSE
Regelmäßig für Besucher geöffnet
The Manor House
Hampshire RG25 2RD
Telefon: (01256) 862827
www.gertrudejekyllgarden.co.uk

WARNELL HALL
Privat
Cumbria

WOOLBEDING HOUSE
Nur nach Voranmeldung und an ausgewählten Tagen über den National Trust zugänglich
Midhurst
West Sussex GU29 9RR
Telefon: (03442) 491895
E-Mail: woolbedinggardens@nationaltrust.org.uk
www.nationaltrust.org.uk

AUSGEWÄHLTE BIBLIOGRAFIE

BACON, Francis: *Essays.* Hg. v. L. L. Schücking. Wiesbaden: Dietrich'sche Verlagsbuchhandlung, o. J.

BECKER, Robert: *Nancy Lancaster: Her Life, Her World, Her Art.* New York: Alfred A. Knopf, 1996.

CAVALIERO, Glen (Hrsg.): *Das Journal der Beatrix Potter 1881–1897.* Übers. v. Eike Schönfeld. Frankfurt a. M.: Insel, 1990.

ELLIOTT, Brent: *Victorian Gardens.* London: Batsford, 1986.

GERARD, John: *The Herball or Generall Historie of Plantes.* London: John Norton, 1597.

GLENDINNING, Victoria: *Vita Sackville-West. Eine Biographie.* Übers. v. Hans J. Schütz. Frankfurt a. M.: Fischer, 1994.

GRIFFITHS, Mark, Anthony Huxley, Margot Levy (Hrsg.): *The New Royal Horticultural Society Dictionary of Gardening.* London: Macmillan, 1992.

HALL, Michael: *The Victorian Country House, from The Archives of* Country Life. London: Aurum Press, 2009.

HUXLEY, Anthony, Maurice Michael: *An Illustrated History of Gardening.* New York and London: Paddington Press, 1978.

HYAMS, Edward: *Capability Brown and Humphry Repton.* London: J. M. Dent, 1971.

JEKYLL, Gertrude: *Home and Garden.* London: Longman, Green and Co., 1900.

JEKYLL, Gertrude: *Wall and Water Gardens.* London: Country Life, 1901.

LACEY, Stephen: *Die Gärten des National Trust.* Übers. v. Christine und Markus Mössel. Bielefeld: Delius Klasing, 2008.

LAWSON, William: *A New Orchard and Garden.* Zuerst publ. London: R. Aesop for R. Jackson, 1617.

LAWSON, William: *The Country Housewife's Garden.* Zuerst publ. London: R. Aesop for R. Jackson, 1618.

LLOYD, Christopher: *The Well-Tempered Garden.* London: Collins, 1970.

MAYNARD, Arne: *The Gardens of Arne Maynard.* London: Merrell, 2015.

MORRIS, Christopher (Hrsg.): *The Illustrated Journeys of Celia Fiennes 1685–c. 1712.* Stroud, Gloucestershire, England: Alan Sutton, 1995.

PAGE, Russell: *Ich schuf Gärten in aller Welt.* Köln: Dumont, 1992.

PAPWORTH, John B.: *Hints on Ornamental Gardening.* London: Ackermann, 1823.

PARKINSON, John: *Paradisi in Sole Paradisus Terrestris or A Garden of All Sorts of Pleasant Flowers.* Zuerst publ. London: Humfrey Lownes and Robert Young, 1629.

PAVORD, Anna: *Die Tulpe: eine Kulturgeschichte.* Übers. v. Sven Dörper und Thomas Wollermann. Frankfurt a. M.: Insel, 2003.

QUEST-RITSON, Charles: *The English Garden: A Social History.* London: Penguin, 2003.

RICHARDSON, Tim: *English Gardens in The Twentieth Century: From The Archives of* Country Life. London: Aurum Press, 2005.

STROUD, Dorothy: *Capability Brown.* 5. Auflage. London: Faber & Faber, 1984.

TAIGEL, Anthea, Tom Williamson: *Parks and Gardens.* London: Batsford, 1993.

TAYLOR, Patrick (Hrsg.): *The Oxford Companion to The Garden.* Oxford, England: Oxford University Press, 2006.

THOMAS, Graham Stuart: *The Gardens of The National Trust.* London: Weidenfeld & Nicolson, 1979.

THOMAS, Graham Stuart: *Recollections of Great Gardeners.* London: Frances Lincoln, 2003.

TURIN, Luca: *The Secret of Scent: Adventures in Perfume and The Science of Smell.* London: Faber & Faber, 2006.

VEREY, Rosemary: *Mein Traumgarten entsteht.* Übers. v. Maria Gurlitt-Sartori. München: Christian, 1996.

WALLINGER, Rosamund: *Gertrude Jekyll's Lost Garden: The Restoration of an Edwardian Masterpiece.* Woodbridge, Suffolk, England: Garden Art Press, 2000.

WEAVER, Sir Lawrence: *Houses and Gardens by Sir Edwin Lutyens RA.* London: Country Life, 1925.

WHITSEY, Fred: *The Garden at Hidcote.* London: Frances Lincoln, 2007.

DANK

Mein Dank gebührt Charles Miers vom Rizzoli-Verlag und Mark Hedges vom Magazin *Country Life*, die mich einluden, dieses Buch zu schreiben. Danken möchte ich auch Klaus Kirschbaum für das sorgfältige Lektorat, Robert Dalrymple, der das Layout mit großer Sympathie für die Themen und die Fotografien entwickelt hat, sowie Melanie Bryan, Paula Fahey und Sarah Hart vom *Country-Life*-Bildarchiv.

Ein besonderer Dank gilt meinen ehemaligen Kollegen bei *Country Life*, mit denen ich über so viele Jahre zusammenarbeiten durfte, und den Fachautorinnen und -autoren, die die von uns vorbereiteten Inhalte durch ihren individuellen Stil und ihre Beobachtungen bereichert haben. Dazu zählen Tom Coward, Steven Desmond, Mark Griffiths, Jacky Hobbs, Tim Longville, Non Morris, George Plumptre, Charles Quest-Ritson, Roy Strong und Tim Richardson.

Außerdem war es mir eine große Freude, mit so talentierten Fotografinnen und Fotografen wie Paul Barker, Clive Boursnell, Val Corbett, Jerry Harpur, Marcus Harpur (†), Andrew Lawson, Marianne Majerus, Clive Nichols und Julian Nieman zusammenzuarbeiten. Ihre Begabung, die besondere Atmosphäre eines Gartens oder die wunderbaren Strukturen einer einzelnen Blume allen Unwägbarkeiten des Wetters und der Jahreszeit zum Trotz einzufangen, hat unsere Wertschätzung und unsere Kenntnis des englischen Gartens als Genre sehr vertieft.

Damit komme ich zu den Gärten selbst und zu ihren engagierten Besitzern, die diese grünen Paradiese schaffen, Zeit und Geld in sie investieren und sie oft großzügig für Besucher öffnen. Gärten wandeln sich mit jedem Tag und jeder Stunde, und ich verdanke meinen Gesprächen mit den talentierten Gärtnerinnen und Gärtnern, die diese Anlagen pflegen, viele Einsichten und manches Fachwissen.

Ausdrücklich danken möchte ich auch dem Herzog von Devonshire für sein umsichtiges Vorwort. Das Gärtnern im englischen Stil erlebt gerade eine Blütezeit und entwickelt sich in mehrere interessante Richtungen, deshalb ein herzliches Dankeschön an die Garten- und Landschaftsarchitekten, deren Arbeit in diesem Buch vorgestellt wird. Ihr Einfallsreichtum und ihr Wissen sorgen dafür, dass englische Gärten auch weiterhin weltweit begeistern und inspirieren.

KATHRYN BRADLEY-HOLE

BILDNACHWEIS

Alle Fotos © *Country Life* (www.countrylifeimages.co.uk) mit Ausnahme der folgenden:

© Chatsworth Settlement Trustees: 8, 11

© Andrew Lawson: 294, 297

© Marianne Majerus: binding image, 7, 18–19, 90–93, 150–155, 162, 166–167, 168–169, 173 unten rechts, 176–181, 209, 210 oben, 211, 232–237, 238–246, 284, 287, 312

© Clive Nichols: 12, 76-77, 105, 134–139, 149, 190–195, 196-199, 204 oben, 205, 304-307, 308

© 2019 Roger Noel / D'Avila Illustration Agency: 310 (Karte)

© Frederick Warne & Co Ltd., 1909, 2002: 144 (Illustrationen aus *The Tale of the Flopsy Bunnies* von Beatrix Potter)

REGISTER

IMPRESSUM

CALLWEY 1884

DIE ORIGINALAUSGABE ERSCHIEN 2019 UNTER DEM TITEL
ENGLISH GARDENS: FROM THE ARCHIVES OF COUNTRY LIFE MAGAZINE BEI

CALLWEY GMBH
KLENZESTRASSE 36
80469 MÜNCHEN
buch@callwey.de
+49 89 8905080-0
www.callwey.de

Wir sehen uns auf Instagram:
www.instagram.com/callwey

ISBN 978-3-7667-2893-7
2. Auflage 2026

BIBLIOGRAFISCHE INFORMATION
DER DEUTSCHEN NATIONALBIBLIOTHEK
Die Deutsche Nationalbibliothek verzeichnet diese Publikation in der Deutschen Nationalbibliografie; detaillierte bibliografische Daten sind im Internet über dnb.d-nb.de abrufbar.

Für meine Familie; sowie für JW und PH.

HINWEIS:
Uns ist es ein Anliegen, dass sich alle Geschlechter wahrgenommen und wertgeschätzt fühlen. Im Sinne einer besseren Lesbarkeit der Texte verzichten wir jedoch auf die gleichzeitige Verwendung der Sprachformen männlich, weiblich und divers (m/w/d). Wo dies möglich ist, bemühen wir uns darum, alle Formen miteinzubeziehen, oder um neutrale Formulierungen. Sämtliche Personenbezeichnungen gelten gleichermaßen für alle Geschlechter.

VIEL FREUDE MIT DIESEM BUCH
WÜNSCHEN IHNEN:
Projektleitung : Tina Freitag
Fachlektorat: Anja Birne
Übersetzung aus dem Englischen: Bettine Eschenhagen, Dörthe Fuchs
Lektorat der deutschen Ausgabe: Dr. Claudia Caesar
Satz der deutschen Ausgabe: Rüdiger Wagner, Buchflink; Clemens Hoffmann für bookwise GmbH, München
Titelbild: Clive Nichols
Umschlagrückseite: © Country Life (www. countrylifeimages.co.uk)
Herstellung: Dominique Scherzer, Oliver Meier